地质调查成果
"油气资源调查综合地质编图"（2016～2018年）项目成果

非洲油气勘探开发形势图集

张君峰 主编

科学出版社
北 京

图书在版编目(CIP)数据

非洲油气勘探开发形势图集 / 张君峰主编. -- 北京：科学出版社，2019.11

ISBN 978-7-03-063209-8

Ⅰ. ①非… Ⅱ. ①张… Ⅲ. ①油气勘探－非洲－图集 ②油气田开发－非洲－图集 Ⅳ. ①TE1-64②TE3-64

中国版本图书馆CIP数据核字(2019)第247282号

审图号：GS(2019)4724号

科学出版社 出版
北京东黄城根北街16号
邮政编码：100717
http://www.sciencep.com

中煤地西安地图制印有限公司印制
科学出版社发行 各地新华书店经销

*

2019年11月第 一 版　开本：889×1194 1/8
2019年11月第一次印刷　印张：12 1/2
字数：296 000
定价：368.00元

(本图集中国国界线系按照中国地图出版社1989年出版的1∶4 000 000《中华人民共和国地形图》绘制)

《非洲油气勘探开发形势图集》

主　　编：张君峰
副 主 编：张立勤　　刘恩然
编 委 会：高锦曦　　后立胜　　周新桂　　汪大明　　夏响华　　张大权　　石砥石
顾　　问：陈永武　　王庭斌　　高瑞祺　　张　抗　　殷进垠　　巩奎兴
参加人员：王艳红　　李志伟　　谢华锋　　王都乐　　焦　杨　　黄　磊　　赵玉妹
　　　　　吴　限　　岳来群　　刘　鑫　　缪　彬　　姜向强　　诸王涛　　董小琴
　　　　　赵季乐　　雷　闪　　刘冬梅　　邱　萍　　王　锋　　林燕华　　刘宝明
　　　　　李　军

地图工艺：植忠红　　张理学　　耿　嘉
地图制版：严壬悦　　江　波　　林敏敏　　董米茹　　陈翠萍　　郑欣媛　　王红莉
制版印刷：中煤地西安地图制印有限公司

前　言

非洲的陆地面积3 020万平方千米、人口12.85亿，均位居全球七大洲第二位；非洲国家领海总面积1 300万平方千米。非洲的自然资源丰富，经济发展不均衡，发展潜力巨大。

中国企业在非洲能源、电力、交通运输、基础设施等多个领域开展了合作，合作国家几乎覆盖非洲54个国家和六个地区。2018年9月，中非合作论坛在北京举行，有53个非洲国家的领导人出席了此次峰会，中国政府提出重点加强与非洲在能源、交通、信息通信、跨境水资源等方面的合作。非洲作为中国"一带一路"倡议的自然和历史延伸，是"一带一路"建设的重要方向和样板区域，中国企业参与非洲油气合作的机遇大幅上升。

非洲油气资源丰富，勘探开发程度相对较低，合作前景广阔。截至2018年年底，非洲拥有油气剩余可采储量总计约300亿吨（油气当量），约占全球总剩余可采储量的7%。近年来在非洲东海岸和南非海域新区的天然气新发现更是拓展了非洲天然气前景。据评价，非洲至少拥有常规石油待发现可采资源量240亿吨、常规天然气待发现可采资源量29万亿立方米，约占全球待发现常规油气可采资源量的17%；非洲的非常规油气资源丰富，页岩油总技术可采资源量约54亿吨、页岩气总技术可采资源量38万亿立方米，分别占全球页岩油、气总技术可采资源量的11%和13%。

非洲已成为中国企业"走出去"开展油气合作的主要战略区之一。中国企业在非洲开展油气合作一般采取上下游一体化的合作模式，工程服务业务遍及非洲30余个国家；在阿尔及利亚、乍得、埃及、加蓬、尼日尔、尼日利亚、苏丹、南苏丹和安哥拉等19个国家开展油气勘探开发业务。其中中国石油天然气集团有限公司（中石油）在苏丹和南苏丹的勘探开发取得了举世瞩目的成绩，发现新的含油气盆地，且储量可观，协助苏丹和南苏丹建立起上下游一体化的现代石油工业体系。非洲油气基础设施较为薄弱，油气管线仅占世界约2%；非洲炼油加工量仅占世界2.5%；非洲是中国油气贸易的重要来源地区。近年来，中国从非洲进口原油约8 000万吨/年，占进口总量的20%。非洲国家的政治稳定性、法律政策执行力、政府综合治理能力逐步提升，油气领域的合作环境向好。中非油气合作的领域和前景广阔。

本图集包括非洲油气勘探开发综合图件15幅，非洲各国油气勘探开发形势图21幅，36幅图件的文字说明共计8万余字；以及附表7张，数据条数1 000余条。希望能为中国企业在非洲的合作提供总览和基础线索，促进中非合作互利共赢！

本图集主要依托了中国地质调查局油气资源调查中心张立勤教授级高工承担的"油气资源调查综合地质编图"项目。中国石油化工集团有限公司石油勘探开发研究院参与了编图研究工作。北京雪桦石油技术有限责任公司协助了图件绘制。编图工作得到了顾问组专家、学者的审核与指导。谨向参加图集工作的人员致以敬意和感谢！对于图集中的疏漏和不妥之处，欢迎批评指正。

张君峰
2019年8月

图 例

油气工业要素图例

▯	炼油厂	———	运营原油管线
●	中国石油天然气集团有限公司合同区块示意	– – – –	规划或在建原油管线
●	中国石油化工集团有限公司合同区块示意	———	运营天然气管线
●	中国海洋石油集团有限公司合同区块示意	– – – –	规划或在建天然气管线
✿	陕西延长石油（集团）有限责任公司合同区块示意	———	运营成品油管线
●	中国中化集团有限公司合同区块示意	– – – –	规划或在建成品油管线
▪	其他中资企业合同区块示意	2 ⊢—⊣ 2′	地质剖面线端点位置及编号
———	盆地边线（区域图）	🟥	油田
———	盆地边线（国家图）	🟨	气田
– – – –	盆地内次级单元界线		

地理要素图例

⊙	首都	– – –	未定国界
◎	重要城市	·········	地区界
○	一般城市	············	军事分界线
⊕	港口	～～	河流（干河）
—·—·—	洲界	◐	湖泊、水库
—·—·—	国界		

目 录

前言

非洲油气勘探开发综合图

非洲自然地理状况图 ··· 2～3

非洲大陆主要构造要素分布示意图 ··· 4～5

非洲地层和产油气层位对比图 ··· 6～7

非洲沉积盆地类型分布示意图 ··· 8～9

非洲主要含油气盆地储量、产量分布图 ·· 10～11

非洲主要含油气盆地石油待发现资源量分布图 ··· 12～13

非洲主要含油气盆地天然气待发现资源量分布图 ·· 14～15

非洲页岩油气资源分布图 ··· 16～17

非洲主要资源国油气剩余可采储量分布图 ··· 18～19

非洲国家石油产量、消费量与贸易量对比图 ··· 20～21

非洲国家天然气产量、消费量与贸易量对比图 ··· 22～23

非洲油气管线分布图 ··· 24～25

中国油气进口份额及运输线路分布图 ··· 26～27

中国企业份额油气项目分布图 ··· 28～29

非洲国家油气勘探开发风险评估图 ··· 30～31

非洲各国油气勘探开发形势图

塞内加尔、毛里塔尼亚、冈比亚、佛得角、几内亚比绍、几内亚、
塞拉利昂、利比里亚油气勘探开发形势图 ··· 34～37

贝宁、多哥、加纳、科特迪瓦油气勘探开发形势图 ·· 38～39

尼日利亚油气勘探开发形势图 ··· 40～41

喀麦隆油气勘探开发形势图 ·· 42～43

加蓬、赤道几内亚、圣多美和普林西比油气勘探开发形势图 ······································ 44～45

刚果（布）油气勘探开发形势图 ··· 46～47

安哥拉油气勘探开发形势图 ·· 48～49

阿尔及利亚、摩洛哥油气勘探开发形势图 ··· 50～51

利比亚、突尼斯油气勘探开发形势图 ··· 52～53

埃及油气勘探开发形势图 ··· 54～55

马里、尼日尔、布基纳法索油气勘探开发形势图 ·· 56～57

乍得油气勘探开发形势图 ··· 58～59

苏丹、南苏丹油气勘探开发形势图 ··· 60～61

埃塞俄比亚、厄立特里亚、吉布提、索马里油气勘探开发形势图 ································ 62～63

肯尼亚油气勘探开发形势图 ·· 64～65

刚果（金）、中非、乌干达、卢旺达、布隆迪油气勘探开发形势图 ······························ 66～67

坦桑尼亚油气勘探开发形势图 ··· 68～69

赞比亚、博茨瓦纳、津巴布韦油气勘探开发形势图 ·· 70～71

莫桑比克、马拉维油气勘探开发形势图 ·· 72～73

南非、斯威士兰、莱索托、纳米比亚油气勘探开发形势图 ··· 74～75

马达加斯加、科摩罗、毛里求斯、塞舌尔油气勘探开发形势图 ··································· 76～77

附表

附表1 非洲主要盆地含油气状况表 ··· 80～81

附表2 非洲主要国家石油天然气剩余可采储量表 ··· 82

附表3 非洲主要沉积盆地石油天然气待发现资源量、储量、产量和探明程度表 ············· 83～84

附表4 非洲主要资源国石油产量、消费量、贸易量表 ·· 84

附表5 非洲主要资源国天然气产量、消费量、贸易量表 ··· 85

附表6 非洲主要含油气盆地油气田数据表 ·· 85～91

附表7 非洲评价盆地页岩油气资源量统计表 ··· 91

非洲油气勘探开发综合图

- ◎ 非洲自然地理状况图
- ◎ 非洲大陆主要构造要素分布示意图
- ◎ 非洲地层和产油气层位对比图
- ◎ 非洲沉积盆地类型分布示意图
- ◎ 非洲主要含油气盆地储量、产量分布图
- ◎ 非洲主要含油气盆地石油待发现资源量分布图
- ◎ 非洲主要含油气盆地天然气待发现资源量分布图
- ◎ 非洲页岩油气资源分布图
- ◎ 非洲主要资源国油气剩余可采储量分布图
- ◎ 非洲国家石油产量、消费量与贸易量对比图
- ◎ 非洲国家天然气产量、消费量与贸易量对比图
- ◎ 非洲油气管线分布图
- ◎ 中国油气进口份额及运输线路分布图
- ◎ 中国企业份额油气项目分布图
- ◎ 非洲国家油气勘探开发风险评估图

非洲自然地理状况图

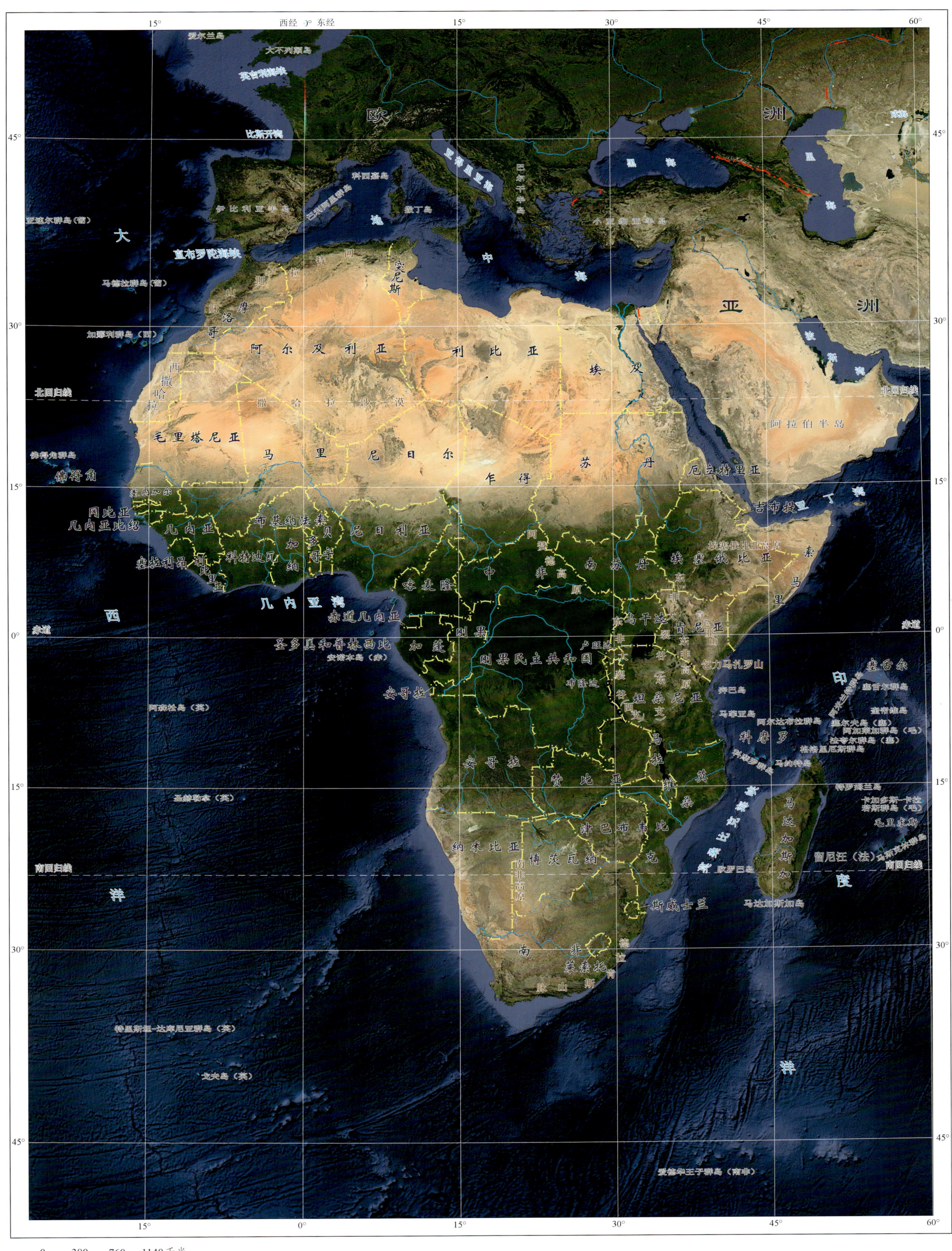

非洲大陆邻接欧亚大陆的西南缘，北隔地中海和直布罗陀海峡与欧洲相望，东北角以狭长的红海和苏伊士运河与亚洲分界，东濒印度洋，西临大西洋。非洲大陆总面积3020万平方千米（包括附近岛屿），地跨赤道南北，南北长约8000千米，东西长约7403千米，约占世界陆地总面积的20.2%，次于亚洲，为世界第二大洲。

非洲大陆东至哈丰角（Cape Hafun）（东经51°24′，北纬10°27′），南至厄加勒斯角（Cape Agulhas）（东经20°02′，南纬34°51′），西至佛得角（Cabo Verde）（西经17°33′，北纬14°45′），北至本·塞卡角（Cape Engela）（东经9°50′，北纬37°21′）。

一、自然地理

非洲大陆北宽南窄，呈不等边三角形，非洲的大部分陆地位于赤道北部，因而非洲的大部分领土都位于热带地区之内。非洲地形以高原为主，因高原面积广大被称为"高原大陆"，全洲平均海拔750米。大致以刚果民主共和国境内的刚果河河口至埃塞俄比亚高原北部边缘一线为界，东南半部地势较高，被称为高非洲，海拔多在1000米以上，有埃塞俄比亚高原（海拔在2000米以上，有"非洲屋脊"之称）、东非高原和南非高原；西北半部较低被称为低非洲，海拔多在500米以下。非洲较大的山脉多耸立在高原的沿海地带，西北沿海有阿特拉斯山脉，东南沿海有德拉肯斯山脉，东部有肯尼亚山和乞力马扎罗山。乞力马扎罗山是座活火山，海拔5895米，为非洲最高点，虽位于赤道附近，因海拔高，山顶终年积雪。

非洲东部的东非大裂谷是世界上最大的裂谷带，包括东、西两支，最深处达2000米，最宽处可达100千米，形成一系列狭长而深陷的谷地和湖泊，其中阿萨勒湖的湖面在海平面以下156米，为非洲陆地最低点。非洲的沙漠面积约占全洲面积的1/3，为沙漠面积最大的洲。其中，北部的撒哈拉沙漠是世界最大的沙漠，约占全洲总面积的1/4。非洲也有郁郁葱葱的森林和一望无际的大草原。

非洲大陆"四面环海"，大西洋和印度洋环绕大陆西、南和东部，北部和东北部分别是地中海和红海，海岸线全长4.7万千米；38个国家临海，专属经济区（包括临海和大陆架）总面积1300万平方千米。非洲海洋资源丰富，鱼类和能源矿产资源具有多样性。海上交通和贸易通道便利，海运贸易量约占进出口总量的90%，且运输商品以石油和天然气为主，拥有多个重要的港口和海上商业通道。非洲是世界各洲中岛屿数量最少的一个洲。除马达加斯加岛（世界第四大岛）外，其余多为小岛。岛屿总面积约62万平方千米，占全洲总面积不到3%。

非洲水系可分为外流区和内流区两大部分。非洲的内流水系及无流区面积约占全洲总面积的31.8%，其中河系健全的仅有乍得内流域，多间歇河，沙漠中多干谷。非洲的外流区域约占全洲面积的68.2%，多为源远流长的大河。尼罗河全长6671千米，是世界最长的河流。其他主要的河流有刚果河、尼日尔河、赞比西河和奥兰治河。非洲湖泊集中分布于东非高原，少量散布在内陆盆地。其中，维多利亚湖是非洲最大湖泊和世界第二大淡水湖，坦噶尼喀湖是世界第二深水湖。位于埃塞俄比亚高原上的塔纳湖是非洲最高的湖泊，海拔1830米。中非乍得湖曾是内陆盆地的最大湖泊，现面积已大幅萎缩，季节性干涸。

东非大裂谷带也是非洲地震最频繁、最强烈的地区。

二、行政、地质地理分区与人文简况

非洲有54个国家，还包括英属印度洋领地、法属南部领地，以及西撒哈拉、留尼汪、圣赫勒拿、加那利群岛、亚速尔群岛、马德拉群岛等地区。按照中国地图出版社出版的《世界标准地名地图集》，北非通常包括埃及、苏丹、利比亚、突尼斯、阿尔及利亚、摩洛哥；东非通常包括埃塞俄比亚、厄立特里亚、索马里、吉布提、肯尼亚、坦桑尼亚、乌干达、卢旺达、布隆迪、塞舌尔、南苏丹；西非通常包括毛里塔尼亚、塞内加尔、冈比亚、马里、布基纳法索、几内亚、几内亚比绍、佛得角、塞拉利昂、利比里亚、科特迪瓦、加纳、多哥、贝宁、尼日尔、尼日利亚；中非通常包括乍得、中非、喀麦隆、赤道几内亚、加蓬、刚果（布）、刚果（金）、圣多美和普林西比；南非通常包括赞比亚、安哥拉、津巴布韦、马拉维、莫桑比克、博茨瓦纳、纳米比亚、南非、斯威士兰、莱索托、马达加斯加、科摩罗、毛里求斯。

但在石油天然气行业，非洲的北非、西非、东非、中非和南非五大分区与上述分区有所不同，兼具地质和地理意义，即北非包括北非海岸沿线国家埃及、利比亚、突尼斯、阿尔及利亚、摩洛哥、西撒哈拉，以及尼日尔、马里、布基纳法索；东非通常包括东非海岸沿线的索马里、肯尼亚、坦桑尼亚、莫桑比克，以及乌干达、卢旺达、布隆迪、马拉维、赞比亚、津巴布韦、塞舌尔、马达加斯加、科摩罗、毛里求斯；西非指西非海岸沿线的毛里塔尼亚、塞内加尔、冈比亚、几内亚比绍、几内亚、佛得角、塞拉利昂、利比里亚、科特迪瓦、加纳、多哥、贝宁、尼日利亚、赤道几内亚、喀麦隆、加蓬、刚果（布）、刚果（金）、安哥拉、圣多美和普林西比、纳米比亚；中非指包括乍得、中非、苏丹、厄立特里亚、吉布提、南苏丹、埃塞俄比亚；南非通常包括博茨瓦纳、南非、斯威士兰、莱索托。

截至2019年1月，非洲人口约12.85亿，仅次于亚洲，居世界第二位。非洲人口的出生率、死亡率和增长率均居世界各洲的前列。人口分布极不平衡，尼罗河沿岸及三角洲地区每平方千米约1000人，撒哈拉、纳米布、卡拉哈里等沙漠和一些干旱草原、半沙漠地带每平方千米不到1人，还有大片的无人区。非洲是世界上民族成分最复杂的地区。非洲大多数民族属于黑种人，其余属白种人和黄种人。

非洲语言主要属于四个语系：闪含语系、尼罗-撒哈拉语系、尼日尔-刚果语系和科依桑语系。随着欧洲殖民主义国家的入侵，大多数非洲国家皆采用非洲以外语言作为官方语言，不过如今亦有本地语言作为官方语言。非洲信仰的宗教主要有三种：传统宗教、伊斯兰教和基督教。传统宗教是非洲黑人固有的、有着悠久历史和广泛社会基础的宗教，伊斯兰教和基督教是后来从外界传入非洲的宗教。

三、能源矿产及其他资源

非洲资源丰富，不仅种类多，而且储量大。目前已知的石油、铜、金、金刚石、铝土矿、磷酸盐、铌和钴的储量在世界上均占有很大比重。石油主要分布在北非和大西洋沿岸各国，利比亚、安哥拉、阿尔及利亚、埃及、尼日利亚是非洲重要的石油生产国和输出国。铜主要分布在赞比亚与刚果（金）的沙巴区。金主要分布在南非、加纳、津巴布韦和刚果（金），金刚石主要分布在刚果（金）、南非、博茨瓦纳、加纳、纳米比亚等地。非洲南部的黄金和金刚石储量和产量都占世界首位。此外还有锰、锑、铬、钒、铀、铂、锂、钴、铁、锡、石棉等矿产。

非洲的水力资源较为丰富，可开发的水力资源年发电量为18340亿千瓦·时，约占世界可开发水力资源的11%。非洲的动植物资源也极为丰富。非洲的植物至少有40000种以上。森林面积占非洲总面积的21%。全洲盛产红木、黑檀木、花梨木、柯巴树、乌木、樟树、栲树、胡桃木、黄漆木、栓皮栎等经济林木。非洲草原辽阔，面积占全洲总面积的27%。非洲大型野生动物的种类和数量均居各洲首位。

非洲大陆主要构造要素分布示意图

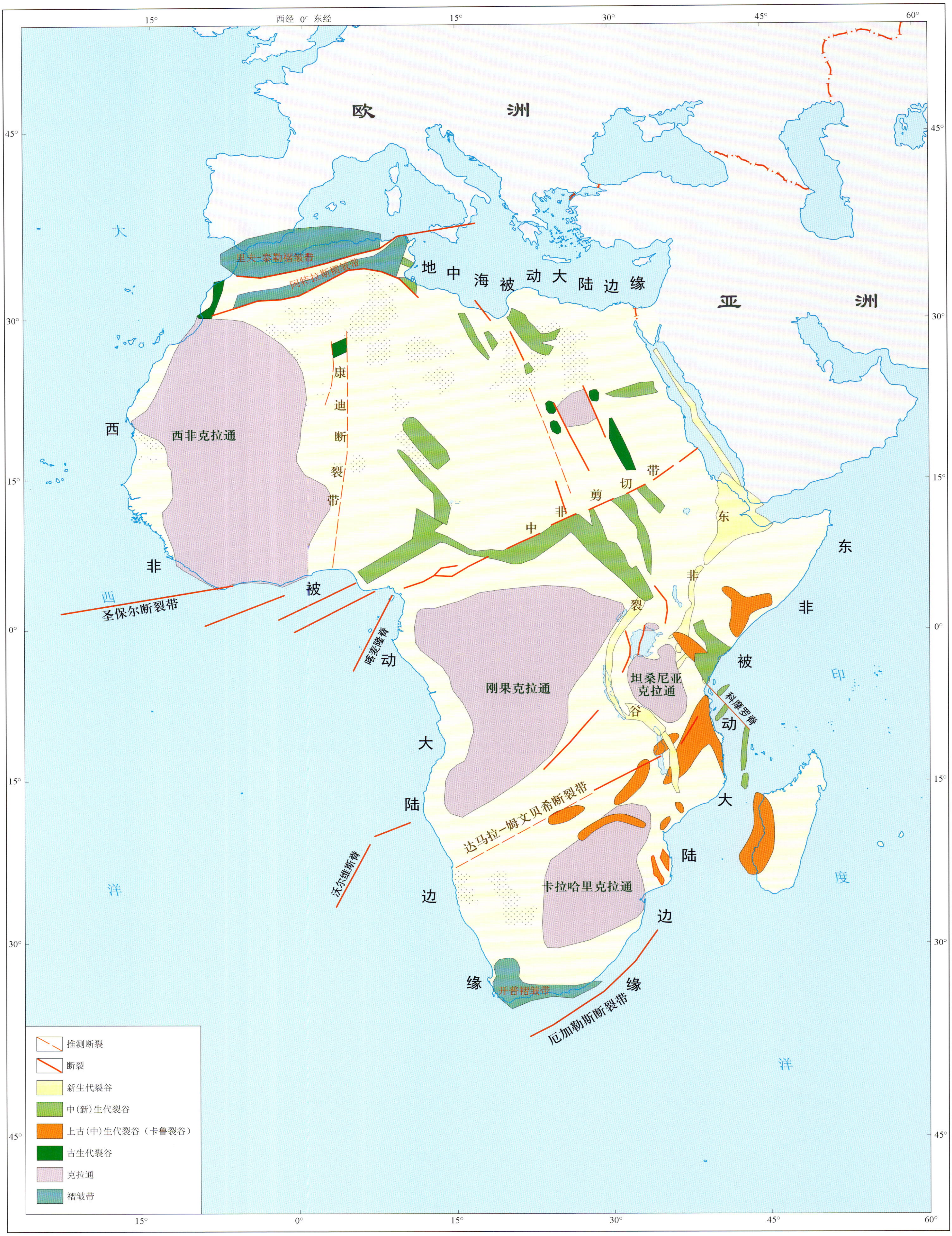

一、概况

从地质历史时期看，非洲板块的陆壳部分（非洲大陆）从太古宙、元古宙、古生代、新生代至现代，至少经历了3 800兆年的发展和演化过程；而板块周缘的洋壳部分从白垩纪开始形成，发展和演化过程相对简单。除非洲大陆北部陆壳边界较为稳定之外，东、西、南部的洋壳边界均有活动扩张带，使板块面积不断增长和扩大。

二、非洲大陆的大地构造分区

历经38亿年的地质发展历史，非洲同其他大陆一样，具有古老的太古宇克拉通核，也有太古宙以来不同时期稳定的较年轻构造带。非洲大陆主要发育四种类型的构造单元，即克拉通、裂谷、褶皱带和被动大陆边缘。

1. 克拉通

太古宙—前泛非期，非洲区存在多个克拉通，主要有西非克拉通、坦桑尼亚克拉通、刚果克拉通和卡拉哈里克拉通；这些克拉通核经过泛非期(新元古代，1 000～550兆年)克拉通化过程，逐渐扩大并联合，形成联合大陆，早生古代的大型克拉通。非洲克拉通也是古生代冈瓦纳古陆的核心。

2. 裂谷

非洲大陆内部，显生宙以来发生了古生代、中生代和新生代三期裂谷作用，相应形成了三期裂谷系。其中一些裂谷的裂谷作用延续时间较长，从古生代到中生代，或从中生代到新生代。

非洲的古生代裂谷盆地发育在非洲的东南部及北部，尤以东南部的卡鲁盆地群最发育，其裂谷作用一直持续到中生代。

中生代裂谷体系主要分布在非洲中部和西部，分别称为中非裂谷系和西非裂谷系，两者合称为西非-中非裂谷系图1。裂谷系主要发育期为中生代的白垩纪，但裂谷作用一直延续到新生代，因此也称中、新生代裂谷体系。西非裂谷系沿贝努埃槽向NE延伸到乍得盆地，再延伸到锡尔特盆地，构成西非裂谷系。中非裂谷系，沿中非剪切带及其两侧分布。中非裂谷系的形成与中非剪切带有关，该剪切带沿NEE方向延伸，起自伯南布哥断裂，从几内亚湾，过喀麦隆和中非共和国北部进入苏丹西北部，并且可能继续延伸进入苏丹东北部的红海高地。沿中非剪切带的走滑运动形成的剪切带内及其两侧复杂的伸展盆地系统，包括多巴、多赛奥、萨拉迈特、苏丹、安扎及拉穆等盆地。

新生代裂谷体系主要发育在非洲东部，与阿拉伯裂谷带相连，合称为非洲–阿拉伯裂谷带，是大陆区延伸最长的现代裂谷带。此裂谷带从北面的地中海向南延伸至莫桑比克湾，长度超过6 000千米，约为现代世界裂谷总长的1/10，在陆上部分又称为东非裂谷，分东支和西支，东支也称为埃塞俄比亚–肯尼亚裂谷，西支也称为坦噶尼喀裂谷。

3. 褶皱带

非洲的褶皱带分布在南部和北部，分别为开普褶皱带和阿特拉斯褶皱带。

非洲南部的开普褶皱带为晚古生代海西期褶皱带。古生代早期，开普褶皱带地区位于冈瓦纳泛大陆南部被动大陆边缘，沉积了巨厚的开普超群（奥陶系—下石炭统）。其后受海西构造旋回多期构造运动的影响，发生褶皱作用，褶皱作用可能一直延续到中生代。开普褶皱带北邻的卡鲁盆地由卡鲁超群（上石炭统—中侏罗统）组成。中侏罗统沉积后，盆地沉降减弱，变为区域性隆起剥蚀区。

非洲北部的阿特拉斯褶皱带是在海西期褶皱带基础上，主体部分形成于中、新生代的褶皱带，是非洲板块和欧洲板块碰撞作用的结果，它属于阿尔卑斯褶皱带（主要分布在欧洲南部和地中海下面）的南部山链，北到里夫-泰勒褶皱带南缘逆冲断层，南到撒哈拉地台北缘。褶皱带地质构造复杂，褶皱、反转构造和走滑构造发育，与其南边的撒哈拉地台的变形形成鲜明的对比，两者之间是北倾南冲的逆冲断层。在此褶皱带中，既有小型山间盆地，也有在较稳定的地区形成的相对较大的拗陷盆地，其中生代曾经历过裂谷作用。

4. 被动大陆边缘

中、新生代冈瓦纳大陆的破裂和漂移在非洲形成了广阔的被动大陆边缘，按地理位置，可划分为东非被动大陆边缘、非洲北缘东地中海残留被动大陆边缘和西非被动大陆边缘。

东非被动大陆边缘北起索马里，南到莫桑比克，与南大西洋段的分界为莫桑比克脊。

非洲北部边缘的东段，即东地中海的南部仍残留新特提斯洋的被动大陆边缘。非洲板块北东边，红海已经出现洋壳，其两边可以认为是幼年期被动大陆边缘。

西非被动大陆边缘由中大西洋段、几内亚湾赤道大西洋段、阿普特盐盆段和西南非海岸段组成。中大西洋段以圣保尔断裂带与赤道大西洋段分开，赤道大西洋与阿普特盆段以喀麦隆为界，阿普特盐盆段与西南非海岸盆段以沃尔维斯脊为界，后两者合称南大西洋段。阿普特盐盆段和赤道大西洋段为非火山型被动大陆边缘，西南非海岸盆段为火山型被动大陆边缘。

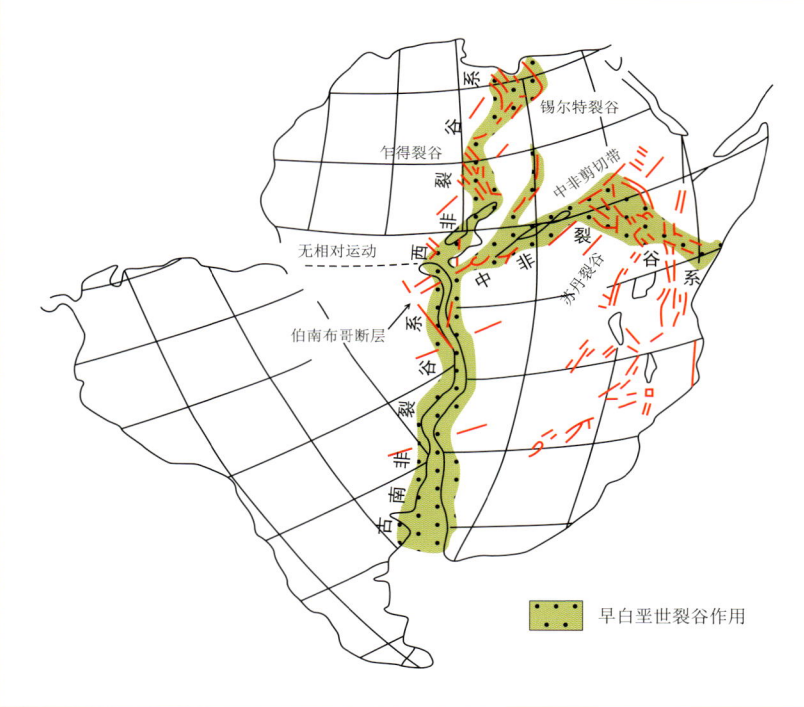

图1 早白垩世西冈瓦纳裂谷体系（据Fairhead et al., 1989，修改）

非洲地层和产油气层位对比图

非洲油气勘探开发综合图

本图总结了20个较具代表性的非洲含油气盆地的地层和产油层位特征。选择的盆地包括北非地区尼罗河三角洲盆地、昔兰尼加盆地、锡尔特盆地、雷甘盆地、伊利兹盆地和穆尔祖克盆地；西非沿海（赤道附近及西南沿海地区）科特迪瓦盆地、贝宁盆地、尼日尔三角洲盆地、宽扎盆地、下刚果-刚果扇盆地、加蓬盆地、里奥穆尼盆地、杜阿拉盆地和西南非海岸盆地；东非沿海及北部红海地区鲁伍马盆地、莫桑比克盆地、穆龙达瓦盆地、苏伊士湾盆地和红海盆地。

一、构造演化、盆地类型与地层概况

在非洲大陆的演化过程中，拉张环境占主导地位，非洲发育有不同时期的裂谷、被动陆缘和克拉通拗陷；而挤压环境是局部的和短时间的，因此总体上盆地形成和发展的规律比较明显，沉积地层保存比较完整。

古生代早期的非洲大陆属于冈瓦纳大陆的核心部分，其内部构造变动较弱，主要发育大型被动陆缘-克拉通拗陷，北非地区沉积了巨厚的古生界海相地层，其中发育志留系放射性"热"页岩，是北非最重要的烃源岩层系之一。

中生代为冈瓦纳大陆迅速解体阶段。此间，北非在早侏罗世与北美大陆和欧洲大陆分离；南大西洋最早自晚侏罗世从南部开始裂解，裂作用逐渐向北传递，到早白垩世晚期（阿普特晚期），南大西洋形成，赤道大西洋早白垩世为陆内拉分裂陷，晚白垩世进入被动大陆边缘演化阶段；非洲大陆东缘的裂解始自中侏罗世，经历了早—中侏罗世的裂谷作用及晚侏罗世—早白垩世的海底扩张作用，晚白垩世新生代进入漂移阶段。非洲北部的地中海，侏罗白垩纪表现为新特提斯洋被动大陆边缘。非洲大陆内部，白垩纪以来也发生广泛的裂谷作用。沉积地层从裂谷期的陆相湖泊河流沉积到海陆过渡相再到海相沉积，岩性组成有碎屑岩、碳酸盐岩和盐岩。由于各地演化过程不同，沉积特征存在差异。

新生代为漂移、裂谷和挤压褶皱阶段，西非大陆边缘、东非大陆边缘在持续裂谷作用下进入漂移期或拗陷期；非洲北部边缘由于始新世的阿尔卑斯运动成为造山带，东部东地中海仍残留被动大陆边缘；非洲阿拉伯板块的新生代裂谷作用从晚始新世持续到早中新世，死海-红海-亚丁湾裂谷系随之形成，东非裂谷系的裂谷作用持续至今。漂移期和被动陆缘期，非洲大陆边缘的沉积盆地则以海相和三角洲沉积体系为主。大陆内裂谷发育陆相沉积。

二、烃源岩分布

非洲的烃源岩在古生界、中生界和新生界的多套地层中均有分布。古生界烃源主要分布在北部非洲、中非断裂带以北的区域。它们形成于北非古生代被动大陆边缘盆地或前陆盆地，以志留系放射性热页岩为主，次之有泥盆系泥页岩及寒武系和奥陶系泥页岩。非洲中生界烃源岩的分布以位于非洲沿海盆地内为特色，它们构成了北非、西非及东非油气富集带的主力烃源岩之一，以裂陷盆地和被动大陆边缘盆地为主，中生界最重要的烃源岩是白垩系烃源岩；迄今为止，大陆内部已证实的中生界烃源岩分布仅发现于中非断裂带两侧的裂陷盆地内和走滑盆地内。新生界烃源岩主要分布在新生代裂谷盆地，如红海盆地和苏伊士湾盆地；西非、北非和东非的被动大陆边缘盆地，如尼罗河三角洲盆地、尼日尔三角洲盆地和鲁伍马盆地同样也以古近系和新近系烃源岩均发育为特征。源自古近系和新近系烃源岩的探明储量占非洲油气储量的38%以上。

三、储层分布

古生界已探明储量占非洲油气总储量的13%，达到39 180亿桶油当量。其中绝大多数储量集中在北非古生界沉积单元中。寒武系储层中已发现2P储量（证实储量proved reserves和概算储量probable reserves的和）约为126亿桶（17.19亿吨）、天然气10.7万亿立方英尺（3 030亿立方米，1英尺=3.048×10^{-1}米）；奥陶系储层中已发现2P油储量57亿桶（7.78亿吨），天然气32.9万亿立方英尺（9 310立方米）；志留系储层中已发现2P油储量13.6亿桶（1.86亿吨），天然气2 000亿立方英尺（56.59亿立方米）；泥盆系储层中已发现2P油储量52亿桶（7.09亿吨），天然气40.6万亿立方英尺（1.15万亿立方米）。石炭系储层中已发现2P油储量5.6亿桶（7639万吨），天然气3.9万亿立方英尺（1103.57亿立方米）。

中生界储层是非洲最重要的储层，其油气储量占非洲总储量的26%，该层系中发现2P油储量456.6亿桶（62.29亿吨），天然气189.8万亿立方英尺（5.37万亿立方米）。其中尤以白垩系储层和三叠系储层内发现的油气储量份额大，分别占中生界储量的73%和25%。白垩系已发现油气储量份额大，已发现的2P油储量达335亿桶（45.70亿吨），天然气5.24万亿立方英尺（1482.74亿立方米）。白垩系储层遍布北非裂陷盆地、西非被动大陆边缘盆地、中非拉分盆地、东非被动陆缘盆地。

新生界储层分布范围较中生界更广，已发现的2P油储量达926亿桶（126.33亿吨），天然气303.1万亿立方英尺（8.58万亿立方米），其油气储量占非洲总储量的53.5%。产层主要分布在北非、中非、东非和西非的裂陷盆地或被动大陆边缘盆地。

四、油气勘探简史

早在古罗马时代，非洲的地面油苗就已经被发现利用。20世纪初，非洲处于殖民统治时期，一些西方石油公司开始在北非、西非等地寻找石油资源，1909年首先在埃及发现了第一个油田——吉姆沙油田。20世纪50年代以前，仅在非洲北部的阿尔及利亚和摩洛哥的阿特拉斯褶皱带中发现了一些年产油少于1万吨的小油田。非洲大规模、具商业意义的油气勘探始于20世纪50～60年代，西方大石油公司在非洲北部和西部均发现了一些大油田，北非、西非油气区形成。1956年，在撒哈拉台地上发现了哈希迈萨乌德和哈希迈勒两个特大油气田；1959年，在锡尔特盆地发现了塞纳尔特大油气田。在此期间，在非洲西部海岸的宽扎盆地、尼日利亚滨岸盆地、加蓬盆地、下刚果-刚果扇盆地均发现了油气，西非油气区形成。1960年非洲石油产量达到1400万吨，五年后产量超过了1亿吨。20世纪50～60年代是非洲石油工业发展史上的重要创业时期，从此非洲进入了世界石油工业的行列。

20世纪70年代以来，非洲国家掀起油气资源国有化浪潮，油气资源的勘探开发由国有公司主导，西方石油公司大规模退出非洲油气领域；80年代中后期至今，越来越多的国际石油公司通过参股合同参与非洲的油气勘探开发，90年代后期，中国企业中石油开始在苏丹的油气合作。在西非、北非和中非一大批油气资源被发现并投入开发。21世纪初，东非的油气资源迎来新突破，大型气田在东海岸被发现，鲁伍马盆地、莫桑比克海岸盆地等海域成为全球新的勘探热点。

五、油气田分布

非洲地区共发现油气藏4 000余个，主要分布于北非陆上和地中海海域，西非大西洋沿岸海域，东非印度洋海域，中非、东非的陆域也有少量油气田分布。据BP能源统计数据，截至2017年年底，非洲石油剩余可采储量为167亿吨，天然气剩余可采储量为13.81万亿立方米。非洲常规和非常规石油累计探明和控制石油储量624.66亿吨（常规原油、致密油、天然气液、沥青和油页岩矿），常规和非常规累计探明和控制天然气储量17万亿立方米（天然气、致密气、煤层气和页岩气）。

非洲沉积盆地类型分布示意图

受显生宙不同时期板内应力场和非洲大陆基底结构的制约，不同时期形成的沉积盆地，在盆地类型、地域分布上具有一定的规律性。

依据地域分布，非洲盆地可分为五大盆地群，即北非盆地群、西非海岸盆地群、中非盆地群、东非盆地群和南非盆地群。每一个盆地群具有在盆地形成时间、成因机制等方面的分布特点。

北非盆地群，指大致分布在马里-乍得-苏丹以北的沉积盆地，以发育、保存众多的古生界沉积单元为特征，发育有古生代形成的以克拉通为基地的拗陷盆地和中新生代裂陷盆地。除此两类盆地之外，北非东北部还发育新生代的被动大陆边缘盆地，如尼罗河三角洲盆地；北非西北部发育有新生代前陆盆地，如苏德-南泰勒盆地。

西非海岸盆地群位于西非大西洋海岸，沿岸线分布一系列被动陆缘盆地。自中侏罗世至晚白垩世，非洲西部先后经历中大西洋开裂与南大西洋开裂两个阶段，在中生代大西洋开裂时期以大陆裂谷盆地发育为主；后大西洋裂开，非洲板块进入大陆漂移期，西非海岸形成被动大陆边缘盆地环境。因此，西非被动陆缘盆地下部层系为中生代早期（主要是三叠纪—早白垩世）的裂谷层系，上部层系为大陆漂移期被动陆缘层系（晚侏罗世—早白垩世至今）。上、下部层系中均接受了较稳定的沉积且发现丰富的油气储量。西非内陆地区以西非克拉通为基底，主要发育克拉通内拗陷盆地，发育较稳定沉积。

中非盆地群位于横贯非洲中部东西向的中西非剪切带两侧，中非盆地群是中生代大陆内部构造活化的一个实例。中生代在NE-SW向的拉张应力下，形成一系列发育程度不同的NNW-SSE向、NWW-SEE向的裂陷盆地。新生代构造活动减弱，以垂向沉降为主，叠加发育克拉通内拗陷-裂后拗陷盆地。在乍得盆地、穆格莱德盆地、多塞奥盆地和邦戈尔盆地中已发现油气储量。

东非盆地群指北起红海裂谷、沿亚丁湾、印度洋海岸分布的被动陆缘盆地，以及现代东非裂谷系诸盆地。东非裂谷系为新生代裂谷系，它与阿拉伯裂谷带相连，合称为非洲-阿拉伯裂谷带，北起地中海，南至莫桑比克湾，在陆上部分又称为东非裂谷，并分为东支（埃塞俄比亚-肯尼亚裂谷）和西支（坦噶尼喀裂谷）。非洲东海岸的被动大陆边缘盆地主要受印度洋开裂的影响，北起索马里，南到莫桑比克，同西非海岸的被动陆缘盆地一样，由早期大陆裂谷盆地沉积层系和晚期的大陆漂移被动陆缘盆地沉积层系叠加组成，油气成藏条件较为优越；相对于西非海岸的被动大陆边缘盆地，东非的被动陆缘盆地在裂谷期具有多期裂陷并伴发火山沉积活动，以及在漂移期缺乏更多的大型河流向拗陷中输送碎屑物等条件，因而烃源岩的成熟度变化比较大。

南非盆地群与北非盆地群一样，发育元古宙至新生代的克拉通内拗陷-裂后拗陷盆地、古生代的裂陷盆地、晚古生代的前陆盆地、中生代的裂陷和中新生代的被动大陆边缘盆地，以及不同时期不同类型盆地的叠合盆地；南非盆地群的性质在古生代和中生代主要受冈瓦纳大陆的形成和开裂的影响，与北非盆地群所不同的是，盆地演化阶段多，每一阶段的沉积盖层薄。除了南部海岸的奥特尼夸盆地外，还没有更多的油气发现。

非洲主要含油气盆地储量、产量分布图

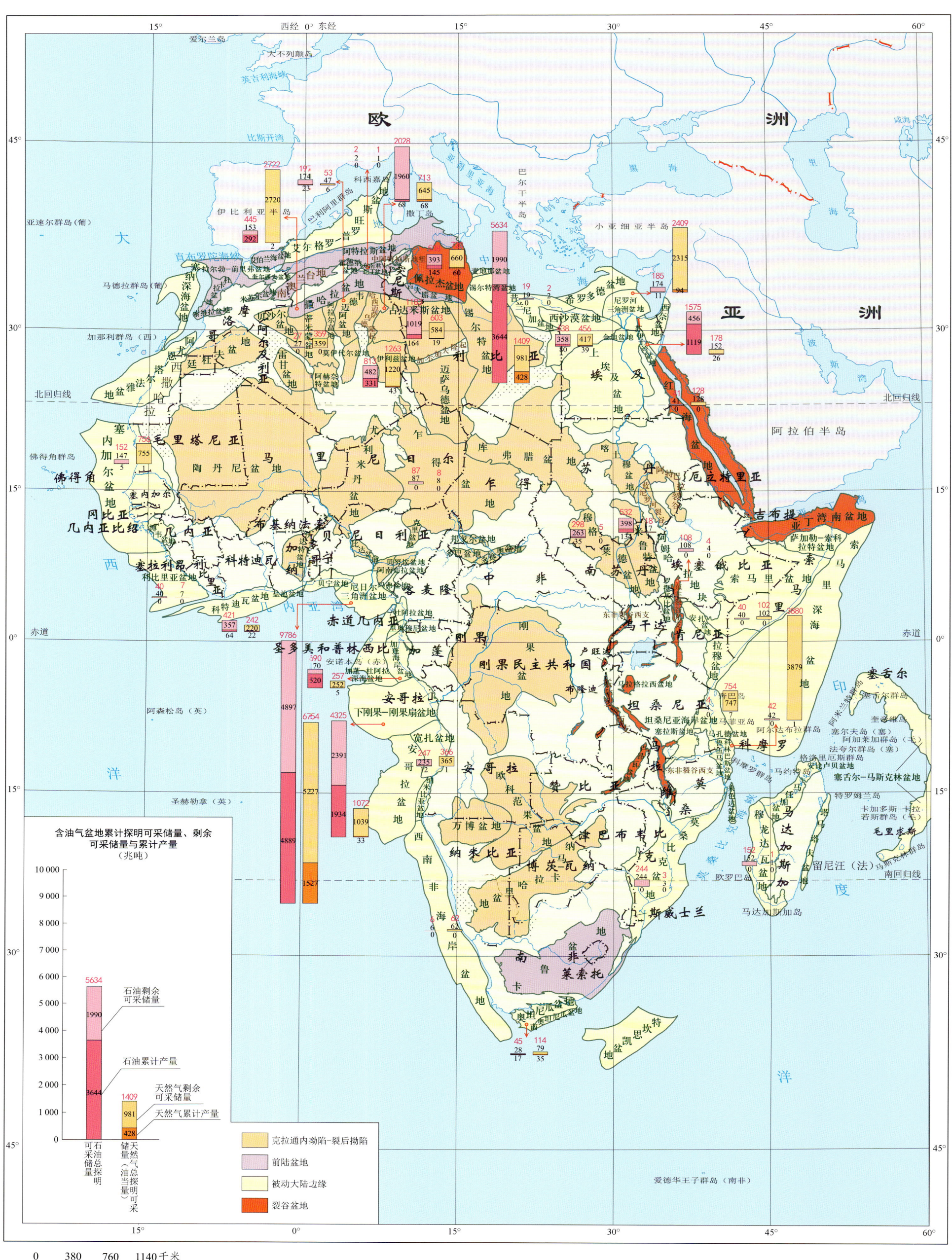

非洲发育105个沉积盆地（构造单元），总面积约2 068万平方千米。其中的63个盆地已经有油气发现，面积约1 356万平方千米。

一、主要含油气盆地储量、产量

据IHS数据统计：截至2015年，非洲63个盆地油气累计探明可采储量总计574亿吨（油气当量，将天然气产量按热量折算为原油产量的换算系数），其中，石油311亿吨，天然气29万亿立方米（折合263亿吨油当量）；累计产量总计161亿吨，其中，石油136亿吨，天然气2.8万亿立方米（折合25亿吨油当量）（图1、图2）。

油气储量主要分布在非洲北部的锡尔特盆地、撒哈拉盆地、哈西迈萨乌德隆起、尼罗河三角洲盆地、伊利兹盆地，非洲西部南大西洋沿海的尼日尔三角洲盆地、下刚果-刚果扇盆地和非洲东南部西印度洋沿岸的鲁伍马盆地等。

尼日尔三角洲盆地油气总探明可采储量在非洲地区位列第一位，总计165.4亿吨，占非洲地区总量的29%；其油气累计产量64.16亿吨，占总量的40%，位列第一位；石油总探明可采储量位列第一位，总计达97.86亿吨，占总量的32%；天然气总探明可采储量亦位列第一，占非洲总量的26%。

非洲北部的锡尔特盆地油气总探明可采储量在非洲地区中位列第二位，总计70.43亿吨，占63个盆地和构造带油气总探明可采储量总量的13%；累计产量40.72亿吨，占总量的25%，位列第二位；石油总探明可采储量位列第二位，总计达56.34亿吨，占总量的18%；天然气总探明可采储量在非洲地区中亦位列第五，占总量的5%。

非洲西部南大西洋沿海的下刚果-刚果扇盆地的石油总探明可采储量在非洲地区位列第三位，总计达53.96亿吨，占总量的9%；油气累计产量总计19.66亿吨，占总量的12%，位列第三位；石油总探明可采储量位列第三位，总计达43.24亿吨，占总量的14%；天然气总探明可采储量位列第七，占总量的4%。

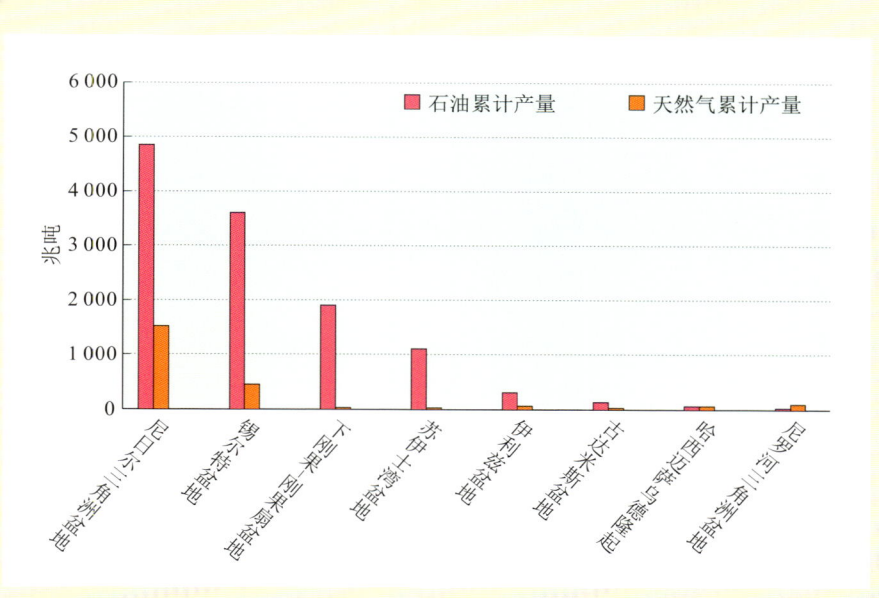

图2　非洲地区主要盆地累计石油、天然气产量柱状图

二、未来开发合作认识

（1）非洲含油气盆地的地质调查及油气勘探开发前景广阔。勘探开发程度总体偏低，许多盆地资源状况不清，缺乏系统的梳理总结。

（2）开展相关国家油气资源勘探、开发和投资环境研究，为与非洲油气资源丰富国家的油气勘探开发及贸易合作提供投资参考。

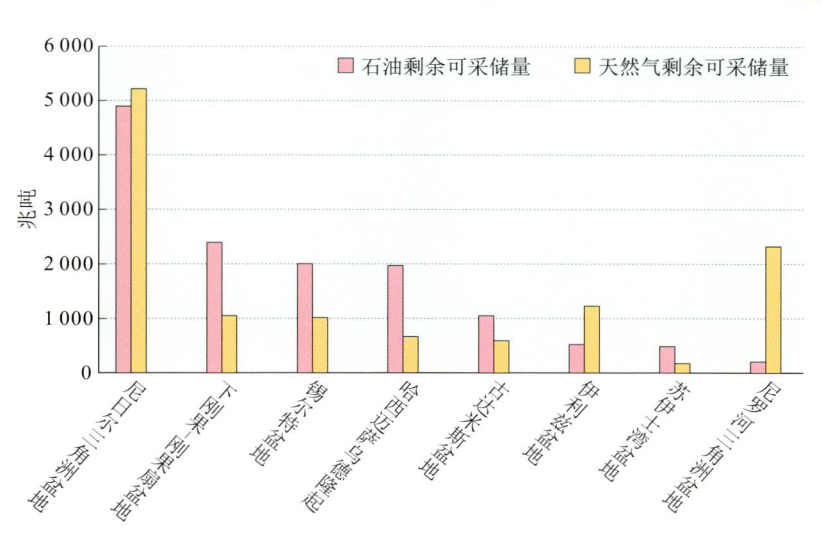

图1　非洲地区主要盆地石油、天然气剩余可采储量柱状图

非洲主要含油气盆地石油待发现资源量分布图

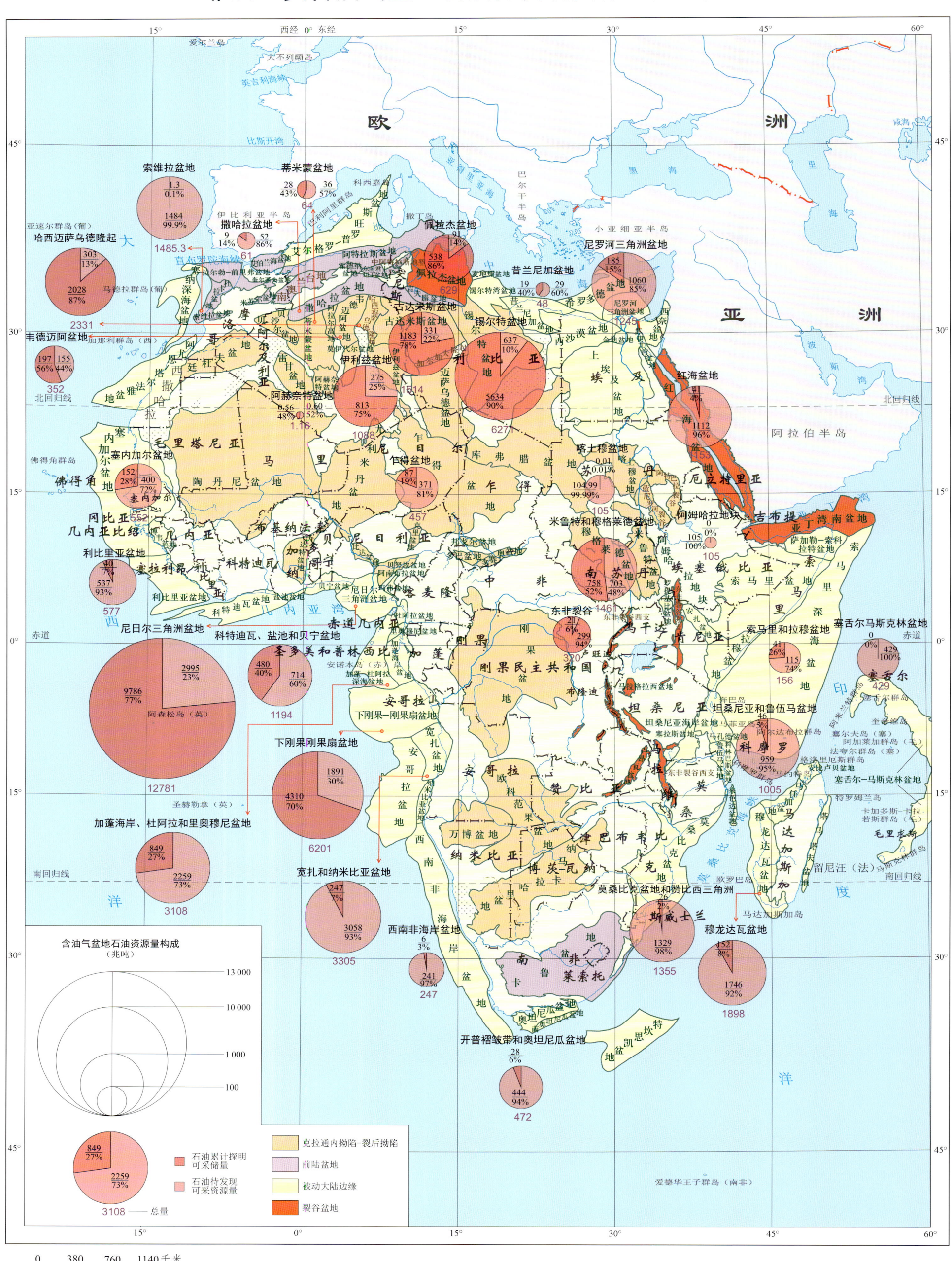

非洲油气勘探开发综合图

本图涵盖非洲33个主要含油气盆地的石油待发现资源量及探明可采储量分布情况。33个主要含油气盆地石油待发现资源量为23 988兆吨（可采）；累计探明可采储量为27 984兆吨，根据美国地质调查局（United States Geological Survey，USGS）2012年的评估值标注和统计。2016年，USGS重新评估了撒哈拉以南非洲（Sub-Saharan Africa）重点盆地待发现油气资源，其中石油待发现资源量评估值与2012年的评估值大致相近。本图标注的各盆地待发现资源量是2012年的评估值，对于2016年重新评估后评估值变化较大的盆地，在文字中进行了说明。

一、石油待发现可采资源量及已探明可采储量分布

据2012年美国地质调查局发布的数据，非洲石油待发现资源主要集中在西非和北非地区，西非石油待发现资源量为12 095兆吨，占非洲总待发现资源量的50.42%；其次是北非，待发现资源量是5 566兆吨，占非洲总待发现资源量的23.2%；东非的待发现资源量居中，为4 704兆吨，占非洲总待发现资源量的19.6%；中非和南非地区，待发现资源量为1 179兆吨和444兆吨，分别占总待发现资源量的4.91%和1.85%。近年来，东非海域有多个油气新发现，其油气潜力需要重新认识；2016年USGS重新评估后东非石油的待发现资源量变化不大，主要是天然气待发现资源量增大。

截至2015年年底，非洲石油探明可采储量也集中于西非和北非地区。西非探明可采储量为15 871兆吨，占非洲总探明可采储量的56.71%；其次是北非，探明可采储量为10 677兆吨，占非洲总探明可采储量的38.15%；中非的石油探明可采储量则大于东非，为845兆吨，占非洲总探明可采储量的3.01%；东非和南非的石油探明可采储量分别为564兆吨和28兆吨，仅占非洲总探明可采储量的2.11%（图1）。

图1　非洲主要地区石油待发现资源量及探明可采资源量分布图

二、主要含油气盆地石油待发现资源分布

非洲石油待发现资源量排名前四的盆地均分布在西非。石油待发现资源量最多的是宽扎盆地和纳米比亚盆地，为3 058兆吨，其后依次为尼日尔三角洲盆地2 995兆吨、加蓬海岸盆地2 259兆吨、下刚果-刚果扇盆地1 891兆吨。

北非地区石油待发现资源量大于500兆吨的盆地有四个，分别是索维拉盆地1 484兆吨、红海盆地1 112兆吨、尼罗河三角洲盆地1 060兆吨、锡尔特盆地637兆吨；其他九个盆地石油待发现资源量合计1 273兆吨。

东非地区石油待发现资源量大于500兆吨的盆地有三个，分别是穆龙达瓦盆地+（+指包括安比卢贝盆地和马任加盆地）1 746兆吨、莫桑比克盆地+（+指包括鲁伍马盆地南部）1 329兆吨、坦桑尼亚海岸盆地+（+指包括鲁伍马盆地北部）959兆吨；其他四个盆地石油待发现资源量合计670兆吨。2016年，USGS评估塞舌尔-马斯克林盆地石油待发现可采资源量328兆吨。

中非及南非地区石油待发现资源量大于500兆吨的盆地是米鲁特盆地和穆格莱德盆地共计703兆吨；其他三个盆地石油待发现资源量合计920兆吨（图2）。

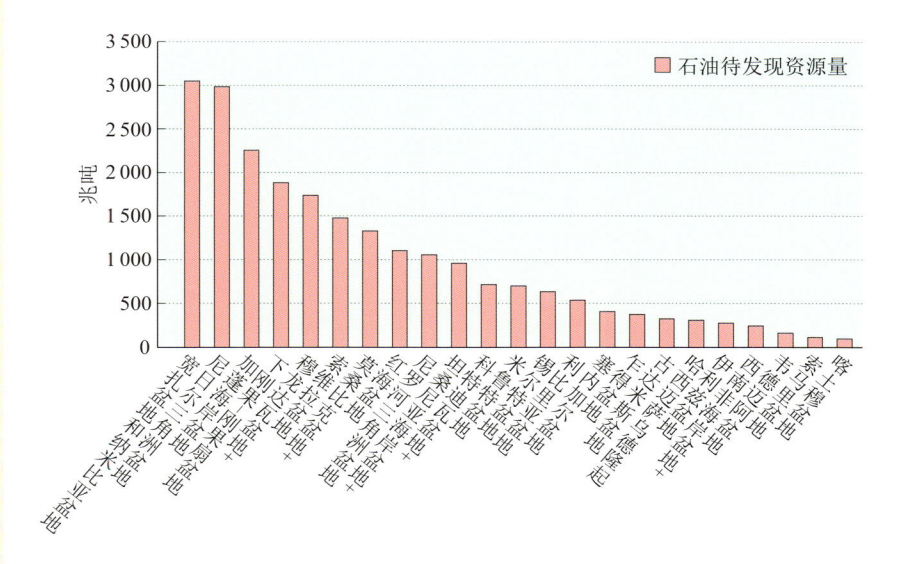

图2　非洲主要含油气盆地石油待发现资源量分布图

三、主要含油气盆地石油探明可采储量分布

非洲石油探明可采储量主要集中分布在西非的尼日尔三角洲盆地与下刚果-刚果扇盆地，两盆地石油总探明可采储量分别为9 786兆吨和4 310兆吨，占非洲石油总探明可采储量的一半还多；其次，北非的锡尔特盆地、哈西迈萨乌德隆起及古达米斯盆地三个盆地分别有5 634兆吨、2 028兆吨和1 186兆吨的石油探明可采储量，占非洲石油总探明可采储量的31.6%；其他在东非、中非及南非的盆地有占比较少的探明储量分布（图3）。

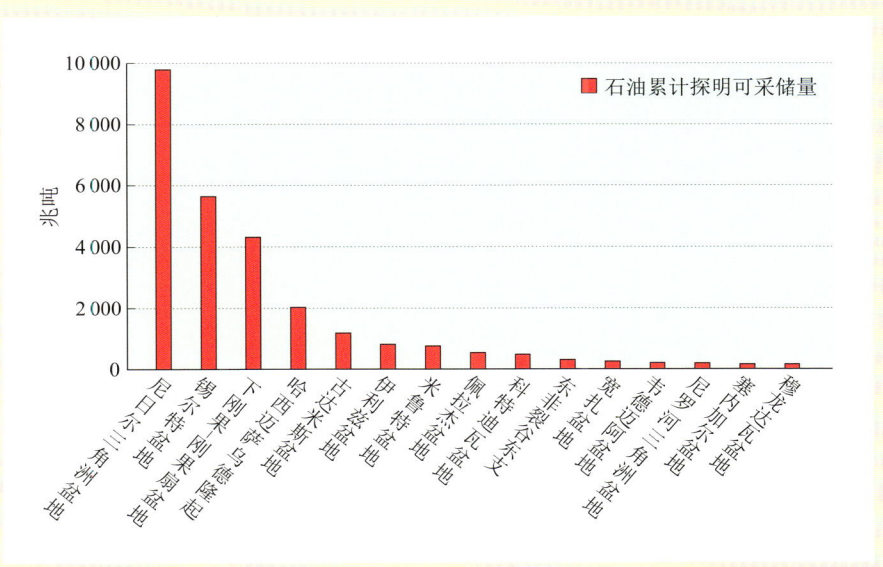

图3　非洲主要含油气盆地石油探明可采储量分布图

四、石油资源勘探潜力

西非和西北非含油气盆地石油待发现资源量丰富，是石油企业开展国际合作的主要方向。西非的宽扎盆地和纳米比亚盆地待发现资源丰富，勘探程度低，可认为是较好的合作领域；尼日尔三角洲盆地、下刚果-刚果扇盆地及北非的锡尔特盆地的石油探明可采储量丰富，同样值得关注。

非洲主要含油气盆地天然气待发现资源量分布图

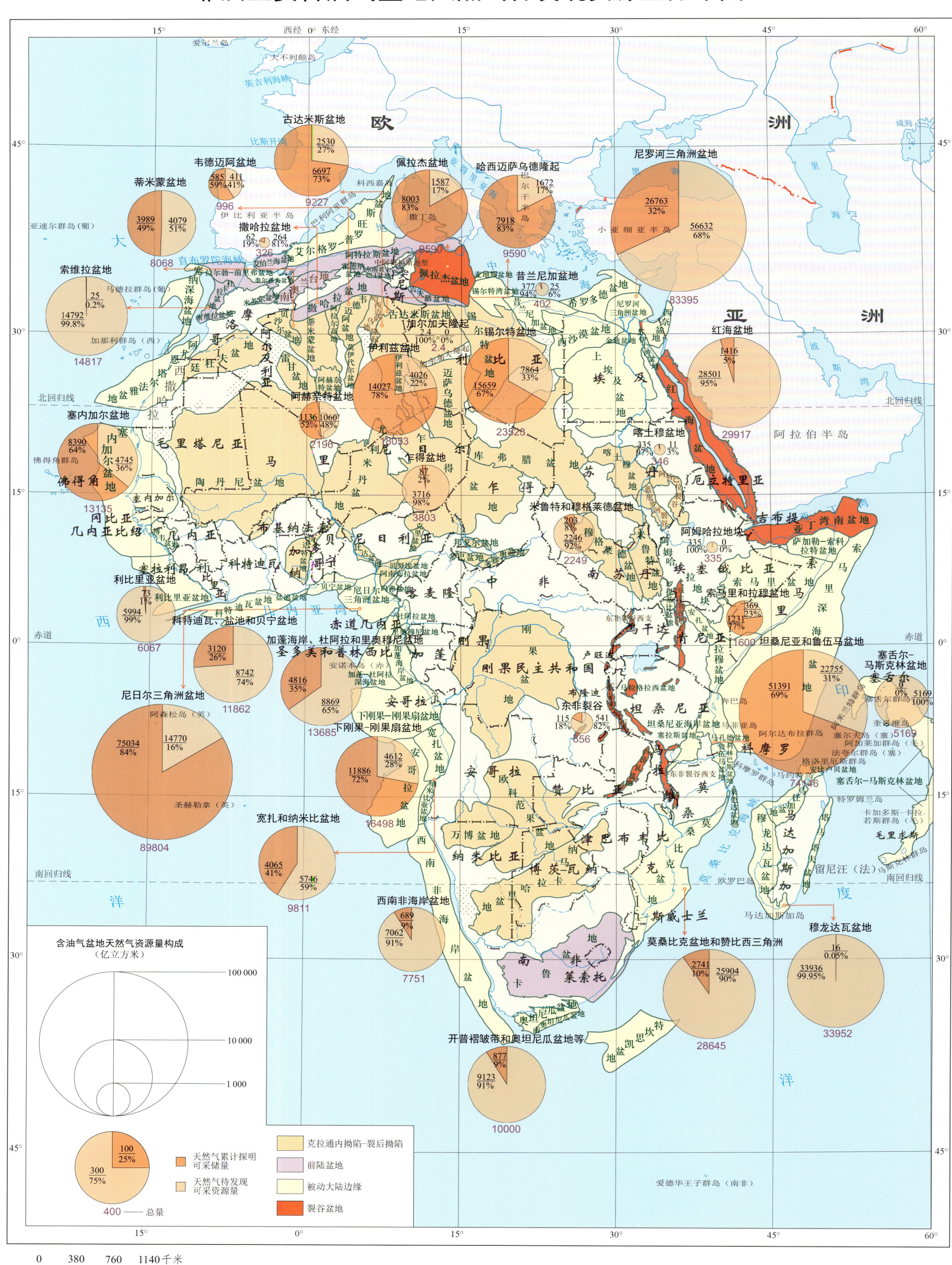

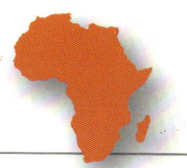

非洲油气勘探开发综合图

本图涵盖非洲34个主要含油气盆地的天然气待发现可采资源及累计探明可采储量分布情况。非洲五个地区34个主要含油气盆地天然气资源量为539 817亿立方米。其中，天然气待发现可采资源量为288 765亿立方米；累计探明可采储量为251 052亿立方米。数据主要来源于IHS（2016年）、美国地质调查局（USGS，2012年，2016年）。2016年，USGS重新评估了撒哈拉以南非洲（Sub-Saharan Africa）重点盆地待发现油气资源，其中东非印度洋沿岸盆地、中非剪切带盆地待发现天然气资源量评估值大幅度增大，其他地区的待发现资源量评估值与2012年的评估值大致相近或略有增加。本图标注的各盆地待发现资源量是2012年的评估值，对于2016年重新评估后评估值变化较大的盆地，在文字中进行了说明。

一、天然气待发现可采资源量及已探明可采储量分布

非洲天然气待发现资源主要集中在北非地区，待发现资源量为123 795亿立方米，占非洲天然气总待发现资源量的42.87%；其次是东非，待发现资源量为89 009亿立方米，占非洲天然气待发现资源的30.82%；西非的待发现资源量居中，为60 540亿立方米，占非洲天然气总待发现资源量的20.97%；最少的南非和中非地区，待发现资源量为9 123亿立方米和6 298亿立方米，分别占非洲总待发现资源量的3.16%和2.18%。2016年USGS评估的东非待发现天然气可采资源量为12 487亿立方米，较2012年的评估值有大幅增加。

非洲天然气探明储量则集中于西非地区，总探明可采储量为108 073亿立方米，占非洲总的43.05%；其次是北非，探明可采储量为86 307亿立方米，占非洲总量的34.15%；东非的天然气探明可采储量为55 494亿立方米，占非洲总探明可采储量的22.1%；南非和中非的天然气探明可采储量分别为877亿立方米和301亿立方米，仅占非洲天然气总探明可采储量的0.4%（图1）。

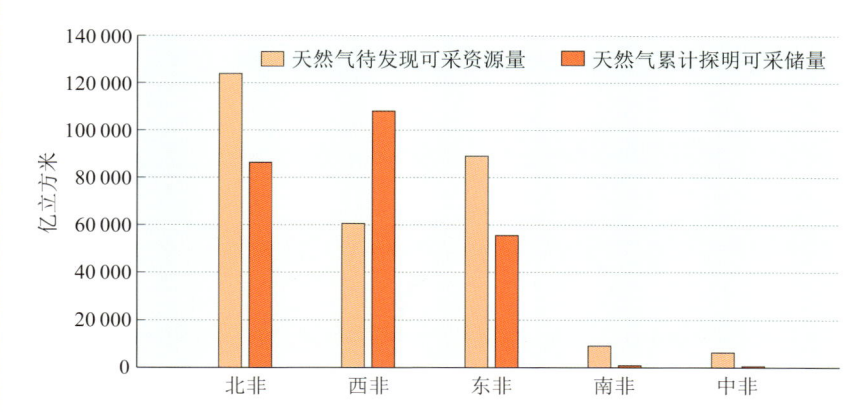

图1 非洲主要地区天然气待发现资源量及探明可采储量分布图

二、主要含油气盆地天然气待发现资源分布

USGS 2012年评估非洲天然气待发现资源量大于2万亿立方米的盆地有五个，分别是北非的尼罗河三角洲盆地56 632亿立方米、东非的穆龙达瓦盆地+（+指包括安比卢贝盆地和马任加盆地）33 936亿立方米、北非的红海盆地28 501亿立方米、东非的莫桑比克盆地+（+指包括鲁伍马盆地南部）25 904亿立方米、东非的坦桑尼亚海岸盆地+（+指包括鲁伍马盆地北部）22 574亿立方米；待发现资源量介于5 000亿立方米和22 000亿立方米的盆地有10个，分布在西非及北非地区；中非及南非地区有较少待发现资源（图2）。

2016年USGS评估结果看，东非的穆龙达瓦盆地+、莫桑比克盆地+天然气待发现资源量分别为47 323亿立方米、51 605亿立方米，较2012年评估值分别增加13 387亿立方米、25 701亿立方米；坦桑尼亚海岸盆地的资源量评估值略有降低。另据BP等相关资料，尼罗河三角洲盆地、非洲边缘的黎凡特盆地等，天然气资源量勘探开发潜力也十分令业者鼓舞。

三、主要含油气盆地天然气探明可采资源分布

非洲天然气探明可采储量大于1万亿立方米的盆地有六个，分别为尼日尔三角洲盆地，75 034亿立方米；坦桑尼亚海岸盆地（包括鲁伍马盆地），51 391亿立方米；尼罗河三角洲盆地，26 763亿立方米；锡尔特盆地，15 659亿立方米；伊利兹盆地，14 027亿立方米；下刚果-刚果扇盆地，11 885亿立方米。探明可采储量介于1 000亿立方米和10 000亿立方米的盆地12个，分布在西非、北非及东非，中非及南非有少量分布（图3）。

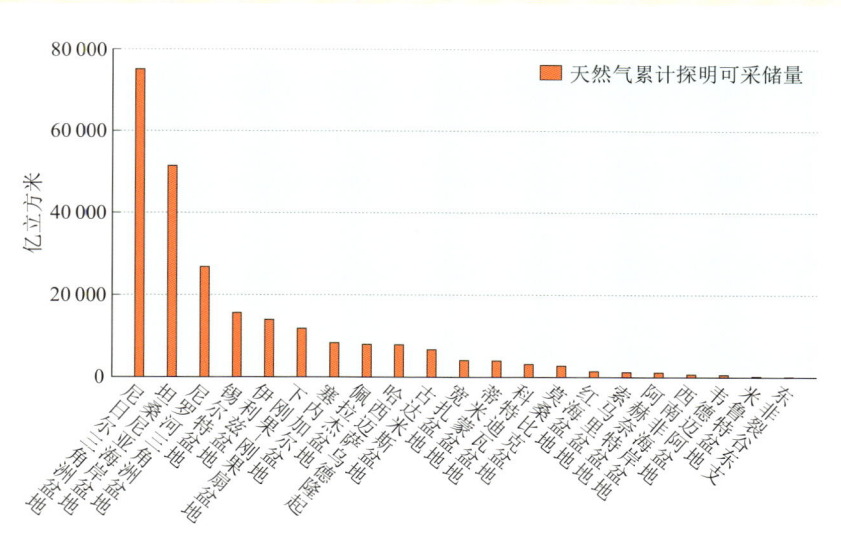

图3 非洲主要含油气盆地天然气探明可采资源量分布图

四、天然气资源勘探潜力

仅就目前的勘探开发程度而言，非洲东部、南非、东北非等陆上及海上相对富气，天然气待发现资源潜力巨大。尤其是莫桑比克海岸盆地、奥坦尼瓜盆地（南非海岸盆地）、西南非海岸盆地（Orange河海岸盆地）等近年来天然气勘探开发获得连续突破，值得研究者及业者未来密切关注。

东非、东北非及南部非洲的含油气盆地天然气待发现资源丰富，是油气企业开展合作的主要方向。北非的尼罗河三角洲盆地、东非的穆龙达瓦盆地（包括安比卢贝盆地+马任加盆地+贝克多卡高地）待发现资源前景好，应加大投资力度；西非的尼日尔三角洲盆地、东非的坦桑尼亚海岸盆地、鲁伍马盆地等资源丰富，同样值得关注。

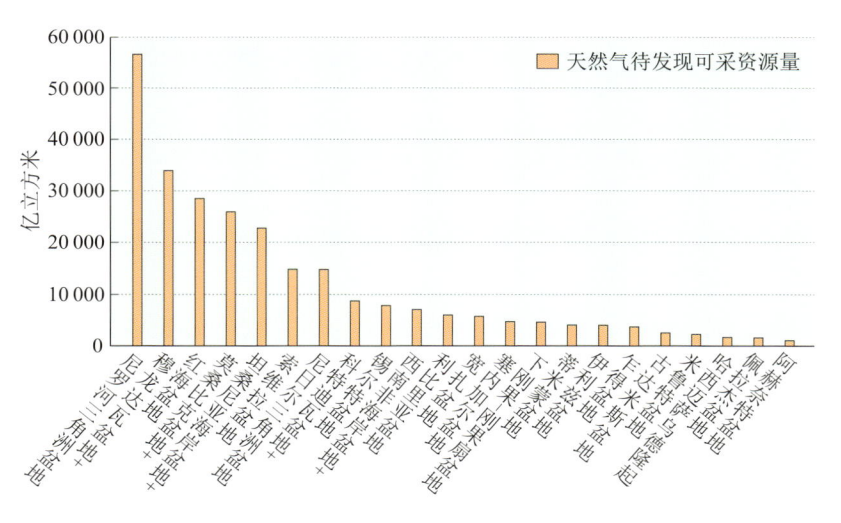

图2 非洲天然气待发现资源量大于1 000亿立方米的盆地分布统计

非洲页岩油气资源分布图

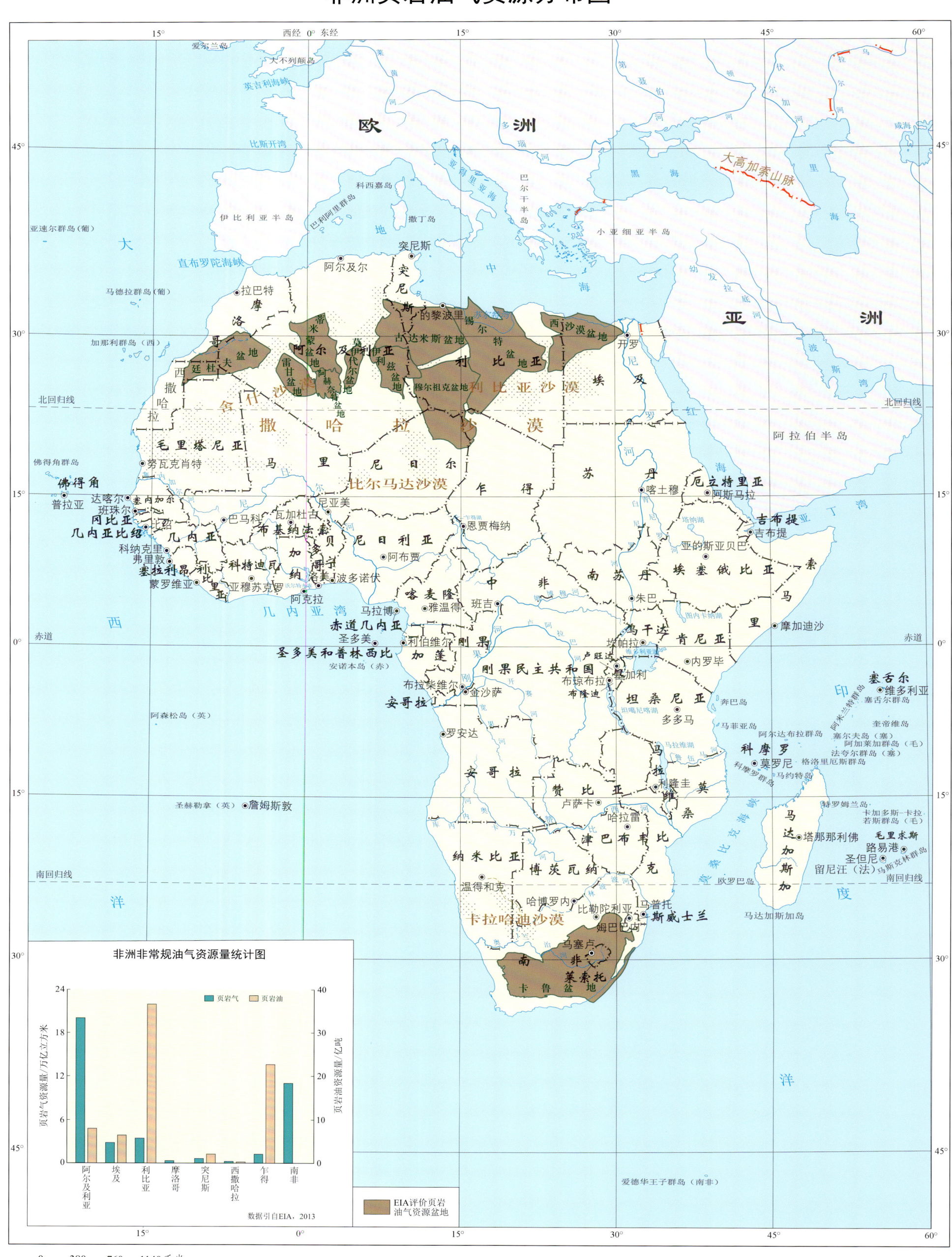

16

一、非洲页岩油气资源约占全球页岩资源总量五分之一

2013年7月美国能源信息署（Energy Information Administration，EIA）发布了世界页岩资源评价数据，此次发布的数据中包含全球共计46个主要油气资源国的页岩油气资源数据，其中包括非洲八个主要油气资源国的数据。这些数据表明，非洲页岩气技术可采资源量（以八个主要油气资源国为单元统计）约40万亿立方米（折合358亿吨油当量，油当量为按标准油的热值计算各种能源量的换算指标），页岩油技术可采资源量约40亿吨，前者占到全球总量的19%，后者占全球总量的13%。

二、阿尔及利亚、南非、利比亚页岩油气资源丰富

非洲页岩油气资源主要分布在北非地区。2013年EIA的评价表明，阿尔及利亚、南非、利比亚、埃及、乍得等八个国家具有丰富的页岩气和页岩油待发现资源。阿尔及利亚、南非、利比亚三国页岩油气技术可采资源量均超过50亿吨油当量，其页岩气技术可采资源量分别为20.01万亿立方米（180.1亿吨油当量）、11.03万亿立方米（99.3亿吨油当量）和3.44万亿立方米（31亿吨油当量）（图1）；乍得、埃及、突尼斯、摩洛哥和西撒哈拉页岩油气技术可采资源量小于30亿吨油当量，页岩气技术可采资源量分别为1.26万亿立方米（11.3亿吨油当量）、2.83万亿立方米（25.5亿吨油当量）、0.64万亿立方米（5.8亿吨油当量）、0.34万亿立方米（3亿吨油当量）和0.24万亿立方米（2.2亿吨油当量）。

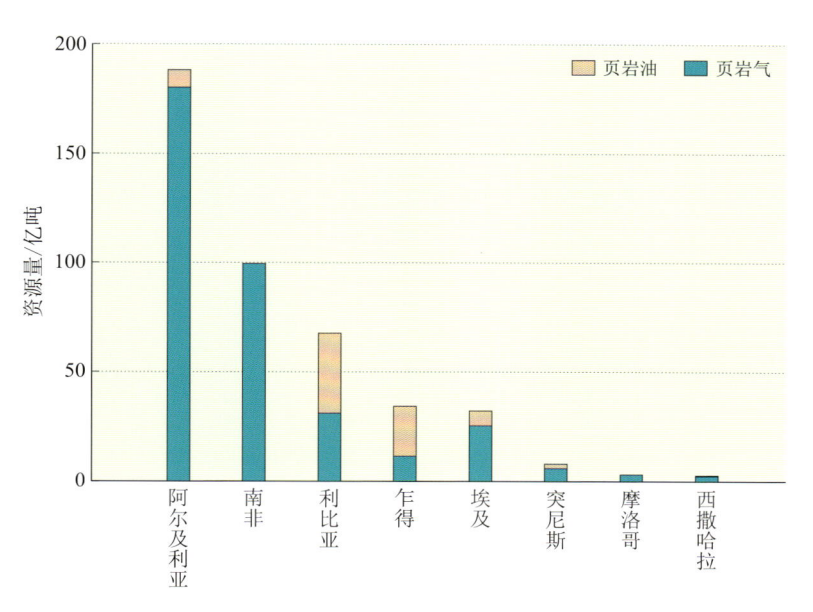

图1 非洲主要油气资源国页岩油气技术可采资源量统计

三、页岩油气资源按盆地分布的情况

2013年EIA的评价表明古达米斯盆地、卡鲁盆地和锡尔特盆地是非洲页岩油气资源较丰富的盆地。古达米斯盆地分布于阿尔及利亚、利比亚和突尼斯三国。古达米斯盆地页岩气技术可采资源量9.96万亿立方米（89.66亿吨油当量），页岩油技术可采资源量17.22亿吨；其位于阿尔及利亚的部分拥有页岩气技术可采资源量7.98万亿立方米（71.83亿吨油当量），页岩油技术可采资源量6.16亿吨；位于利比亚的部分拥有页岩气技术可采资源量1.33万亿立方米（11.97亿吨油当量），页岩油技术可采资源量9.1亿吨；位于突尼斯的部分拥有页岩气技术可采资源量6 500亿立方米（5.86亿吨油当量），页岩油技术可采资源量1.96亿吨。

南非卡鲁盆地页岩气技术可采资源量为8.18万亿立方米（73.62亿吨油当量），占整个非洲的20.56%。

锡尔特盆地是利比亚境内盆地，其页岩气技术可采资源量分别2.07万亿立方米（18.59亿吨油当量），页岩油技术可采资源量别为25.48亿吨。

蒂米蒙盆地、雷甘盆地、阿赫奈特盆地、伊利兹盆地和莫伊代尔盆地全盆地位于阿尔及利亚境内，其页岩气技术可采资源量分别为4.30万亿立方米（38.72亿吨油当量）、3.42万亿立方米（30.82亿吨油当量）、1.70万亿立方米（15.28亿吨油当量）、1.58万亿立方米（14.26亿吨油当量）、0.28万亿立方米（2.55亿吨油当量），这五个盆地中蒂米蒙盆地和莫伊代尔盆地尚未取得页岩油技术可采资源量，雷甘盆地、阿赫奈特盆地和伊利兹盆地的页岩油技术可采资源量分别为0.70亿吨、0.28亿吨、0.70亿吨。

西沙漠盆地为埃及的境内盆地，该盆地页岩气技术可采资源量为2.80万亿立方米（25.22亿吨油当量）、页岩油技术可采资源量为6.44亿吨。延杜夫盆地分布在阿尔及利亚和摩洛哥两国。

延杜夫盆地位于阿尔及利亚的部分拥有页岩气技术可采资源量7 400亿立方米（6.62亿吨油当量），页岩油技术可采资源量0.14亿吨；延杜夫盆地位于摩洛哥境内部分拥有页岩气技术可采资源量4 800亿立方米（4.33亿吨油当量），页岩油技术可采资源量0.28亿吨。穆尔祖克盆地是利比亚境内盆地，其页岩气技术可采资源量为600亿立方米（0.51亿吨油当量），页岩油技术可采资源量为1.82亿吨（图2）。

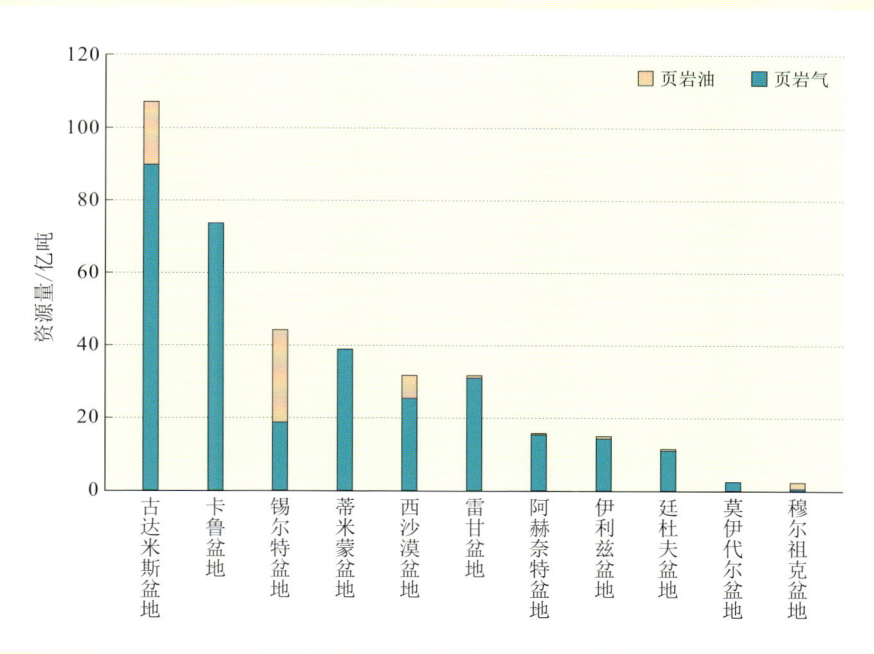

图2 非洲主要盆地页岩油气技术可采资源量统计

四、页岩油气资源勘探开发前景

非洲具有良好的页岩油气资源潜力，但其勘探开发都处在起步阶段。阿尔及利亚由于资源丰富、基础设施完善等因素，被认为是非洲国家中页岩气开发最具吸引力的国家。利比亚虽然资源丰富，但资源潜力的评价工作尚处于初级阶段，尚未签署任何页岩气合同。多家公司对南非页岩气表示出兴趣，并与南非政府签署勘探许可合同，但水力压裂法在南非饱受争议，南非政府曾于2011年下令中止了壳牌公司在卡鲁盆地的页岩气勘探。尽管南非政府于2012年9月解除了勘探禁令，并表示将采取相应措施，防止压裂作业可能对地下水质造成的污染，但预计油气公司和环保主义者之间的冲突短期内将难以调和。资源丰富和北非国家传统的天然气开发有助于非洲地区页岩气行业加速发展，但由于该地区政治和安全风险长期存在、基础设施缺乏及存在环境和资金缺乏等问题，非洲页岩气勘探开发将面临多重挑战。

非洲主要资源国油气剩余可采储量分布图

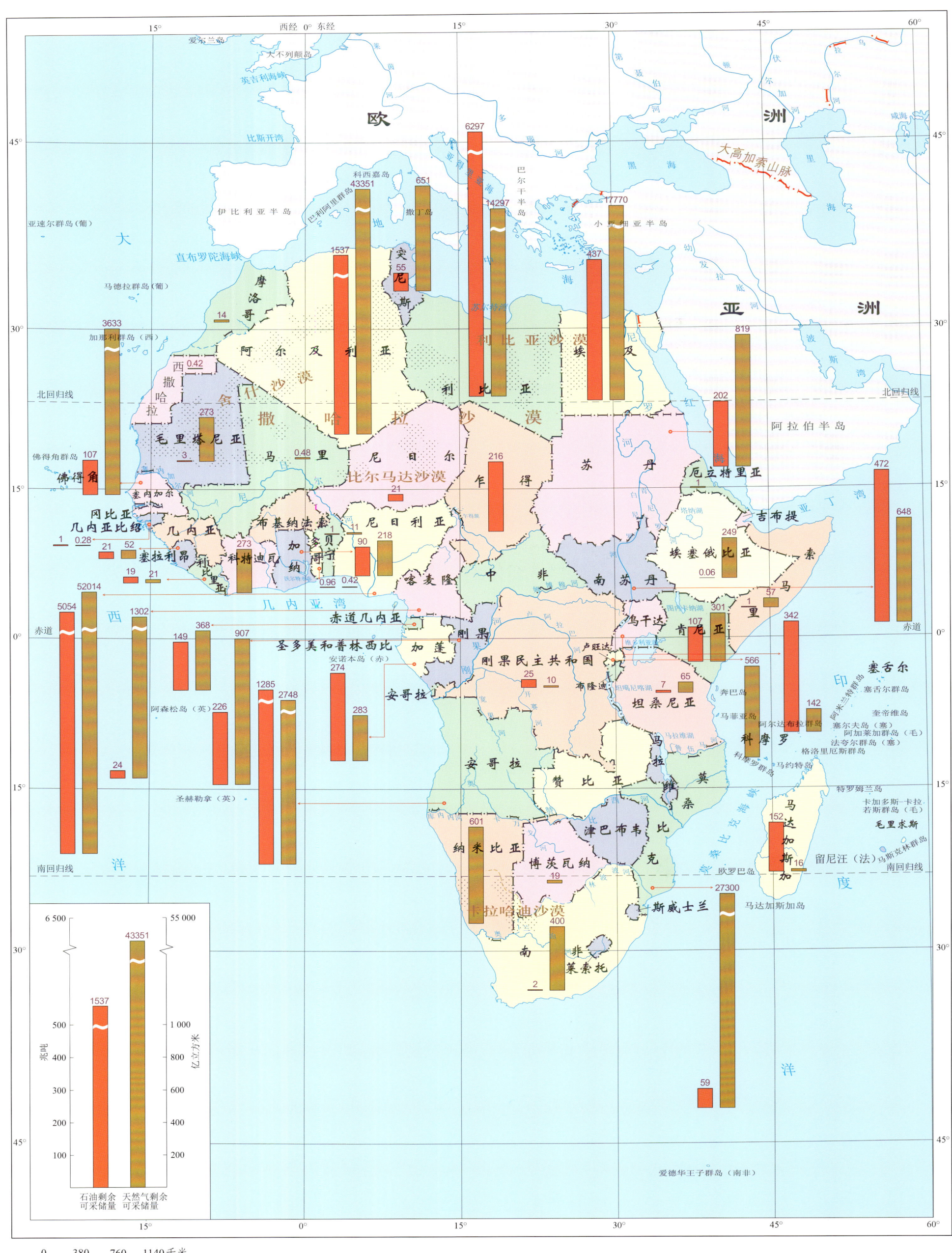

非洲油气勘探开发综合图

非洲地区是世界上重要的产油气区之一。据2018年BP能源统计数据，截至2017年年底，非洲油气剩余可采储量总计291.33亿吨，占全球总剩余可采储量的7.04%。其中非洲剩余可采储量以石油为主，石油167亿吨，天然气138 129.69亿立方米（124.33亿吨油当量）。

一、非洲油气剩余可采储量分布相对分散

非洲地区油气富集的国家主要分布在北非和西非大西洋沿岸地区，中部非洲和东非、南非已探明剩余可采储量较低。

石油剩余可采储量丰富的国家有：利比亚、尼日利亚、阿尔及利亚、安哥拉、刚果（金）、南苏丹、埃及、加蓬、乍得、苏丹、赤道几内亚、突尼斯，2017年年底的石油剩余可采储量分别为：62.97亿吨、50.54亿吨、15.37亿吨、12.85亿吨、12.26亿吨、4.72亿吨、4.36亿吨、2.74亿吨、2.16亿吨、2.02亿吨、1.49亿吨、0.55亿吨（图1）。以利比亚、尼日利亚、阿尔及利亚和安哥拉四国最多，石油剩余可采储量共约141.73亿吨，占非洲地区总量的84.87%；其中，利比亚的石油剩余可采储量在非洲地区位列第一。该国长期实行单一国营经济，依靠丰富的石油资源，曾一度富甲非洲，但由于局势动荡，利比亚近年石油出口锐减。

天然气剩余可采储量大于1 000亿立方米的国家有：尼日利亚、阿尔及利亚、埃及、利比亚和安哥拉。上述五个国家天然气剩余可采储量共计130 180亿立方米，占非洲天然气总剩余可采储量的94.24%。2017年年底尼日利亚天然气剩余可采储量为5.2万亿立方米，居非洲地区第一位（图2）。

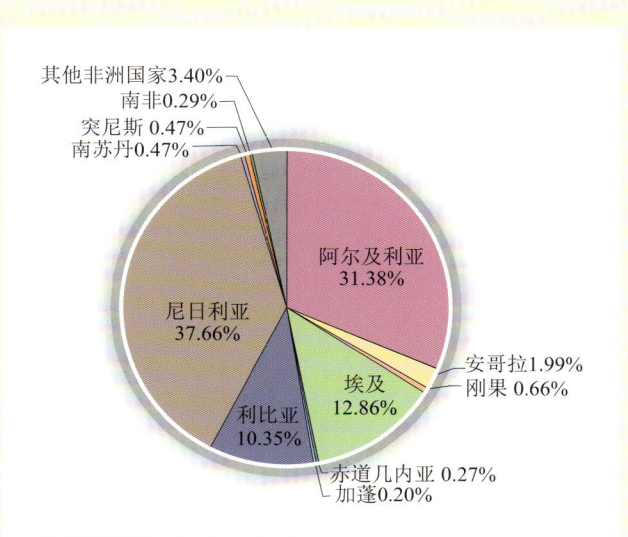

图2　非洲天然气剩余可采储量分布

二、石油开发潜力

非洲主要资源国剩余可采储量可观，剩余可采储量反映一个国家现实的油气开发潜力。据BP能源统计数据，非洲2017年石油储产比（当年产量除当年剩余可采储量）达到42.92，位列该区第一的利比亚储产比达到153.26；非洲的石油开发潜力大。

丰富的油气资源使非洲在世界油气供给中承担重要角色，其中石油输出国组织（Organization of the Petroleum Exporting Countries，OPEC）的成员国尼日利亚、安哥拉和加蓬等，是国际勘探开发投资中备受青睐的国家（地区）。

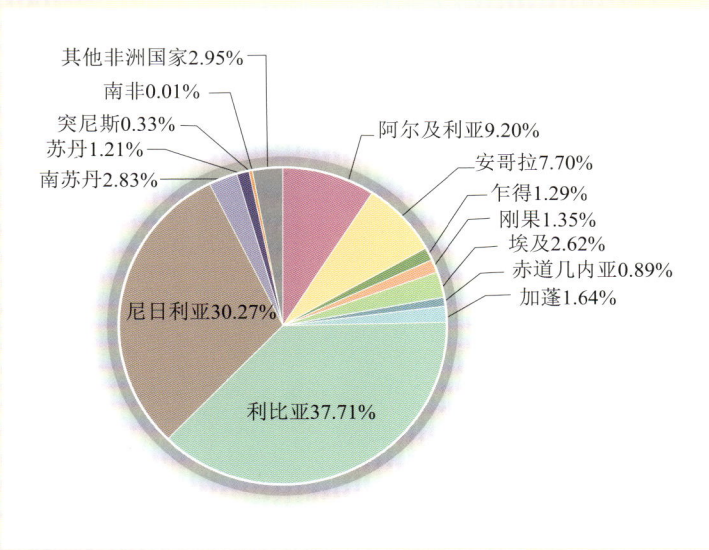

图1　非洲石油剩余可采储量分布

非洲国家石油产量、消费量与贸易量对比图

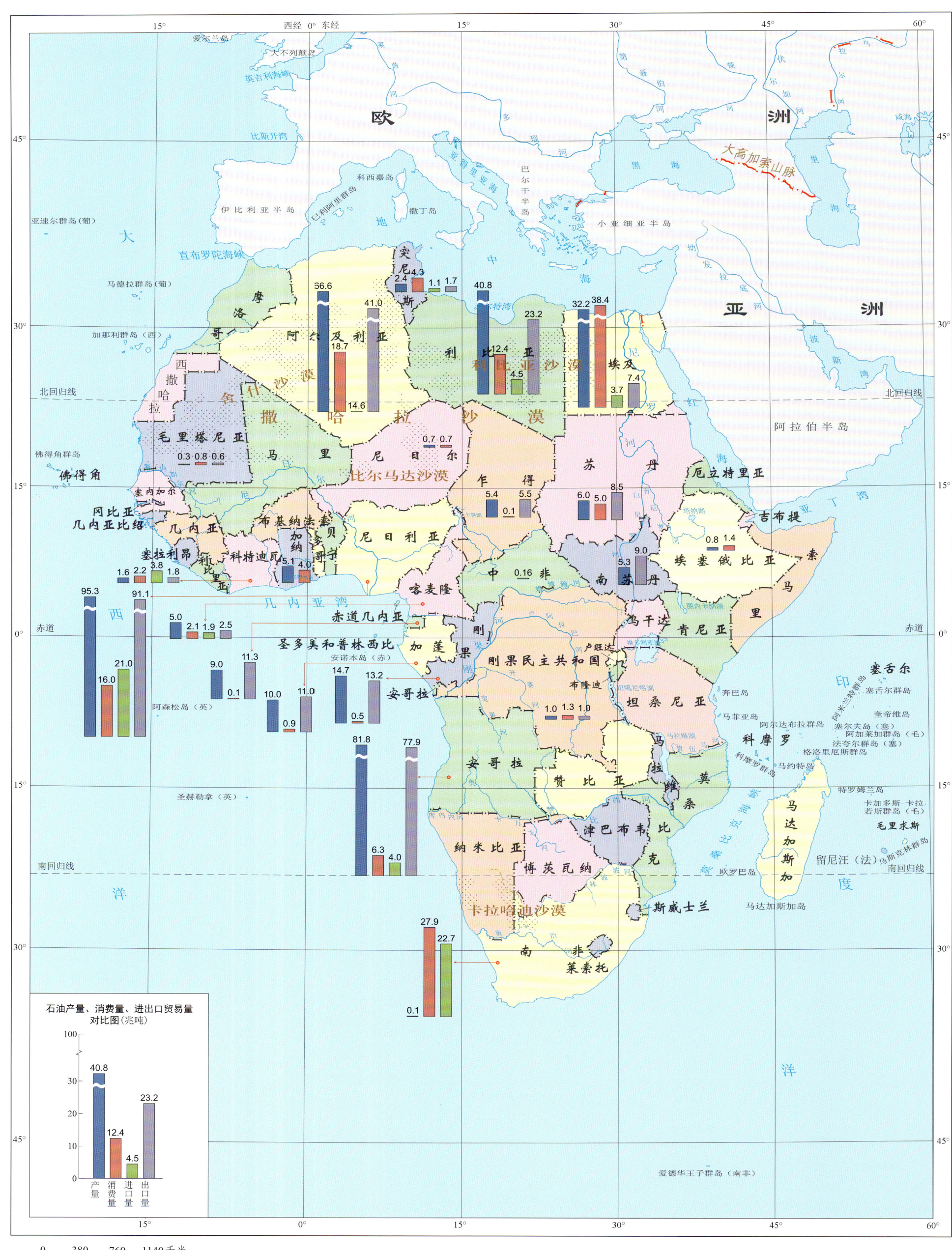

在非洲54个独立国家及六个地区中，本图涵盖了非洲14个国家2017年度的石油产量、消费量和贸易量数据。贸易量指进口量与出口量的总和。其中，石油产量共计3.83亿吨，消费量共计1.89亿吨，贸易量4.58亿吨。数据主要来源于《BP世界能源统计年鉴》（2018年，含石油产量、消费量数据）、美国《油气杂志》（2016年，含石油产量数据）、美国能源信息署[EIA（2015～2017年），包含产量和消费量数据]、IHS商业数据库（2016年）、美国中央情报局（Central Intelligence Agency，CIA）《世界概览统计（2012～2015年）》（包含石油贸易量）及OPEC能源统计2017年（包含石油消费量、贸易量）。

一、主要石油生产国家在西非、北非地区

非洲2017年主要石油生产国有12个，石油产量位于前五位的国家有尼日利亚、安哥拉、阿尔及利亚、利比亚和埃及。石油产量分别为95兆吨、82兆吨、67兆吨、41兆吨和32兆吨（图1）。

三、西非、北非地区石油进出口贸易频繁

西非和北非地区石油进出口份额比例较大。西非地区的石油出口量大于北非地区，石油出口量大于10兆吨的国家有尼日利亚、安哥拉、阿尔及利亚、利比亚、刚果、加蓬和赤道几内亚；石油进口量大于10兆吨的国家有尼日利亚和南非（图3）。

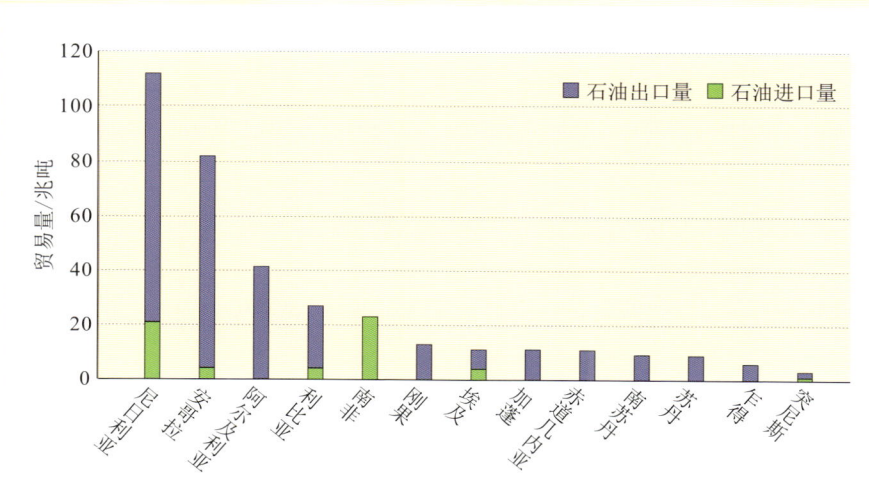

图3　非洲主要国家石油进出口量分布图

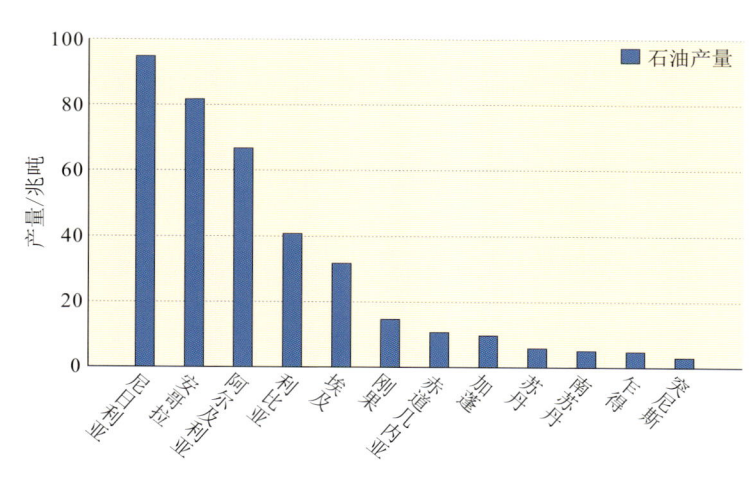

图1　非洲主要石油生产国石油产量分布图

二、石油主要消费国家在北非地区

非洲2017年石油消费量位于前七的国家有埃及、南非、阿尔及利亚、尼日利亚、摩洛哥、利比亚和安哥拉。石油消费量分别为38兆吨、28兆吨、19兆吨、16兆吨、13兆吨、12兆吨和6兆吨（图2）。

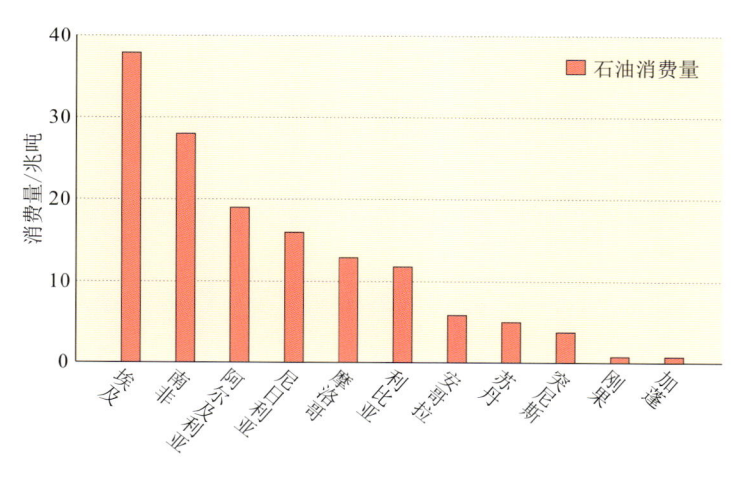

图2　非洲主要石油消费国石油消费量分布图

非洲国家天然气产量、消费量与贸易量对比图

在非洲54个独立国家及六个地区中，本图主要包括19个国家2017年度的天然气产量、消费量和贸易量数据，贸易量指进口量与出口量的总和。其中，天然气产量共计2 250.35亿立方米，消费量共计1 417.74亿立方米，贸易量1 164.62亿立方米。数据主要来源于《BP世界能源统计年鉴》（2018年，含天然气产量）、消费量数据）、美国《油气杂志》（2016年，含天然气产量数据）、美国能源信息署[EIA（2015～2017年），包含天然气产量和消费量数据]、IHS商业数据库（2016年）、美国中央情报局（CIA）《世界概览统计（2012～2015年）》（包含天然气贸易量）及OPEC能源统计2017年（包含天然气消费量、贸易量）。

一、天然气生产国家主要在西非和北非地区

非洲2017年天然气主要生产国14个，天然气产量前四的国家是阿尔及利亚、埃及、尼日利亚和利比亚，天然气产量分别为912亿立方米、490亿立方米、472亿立方米和115亿立方米（图1）。

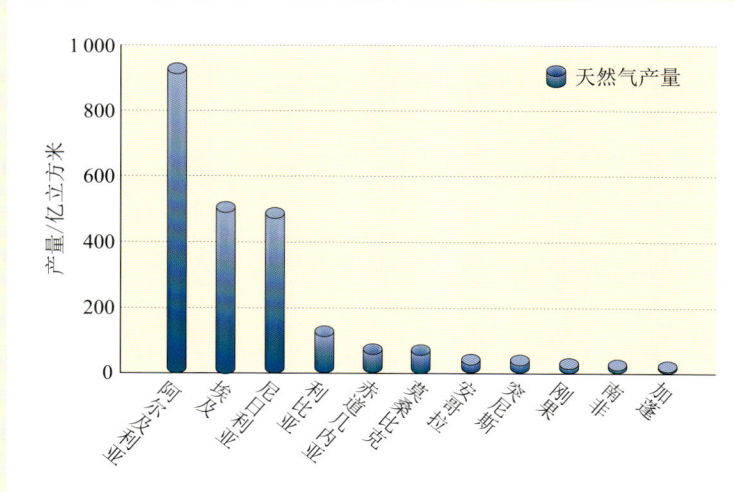

图1　非洲主要天然气生产国天然气产量分布图

二、天然气主要消费国家在北非地区

2017年非洲主要天然气消费国18个，消费量前五的国家中北非国家有四个，分别为埃及、阿尔及利亚、利比亚和突尼斯，消费量分别为560亿立方米、390亿立方米、67亿立方米和61亿立方米；西非是尼日利亚，消费151亿立方米；南非国家消费量45亿立方米；其他国家消费量小于30亿立方米（图2）。

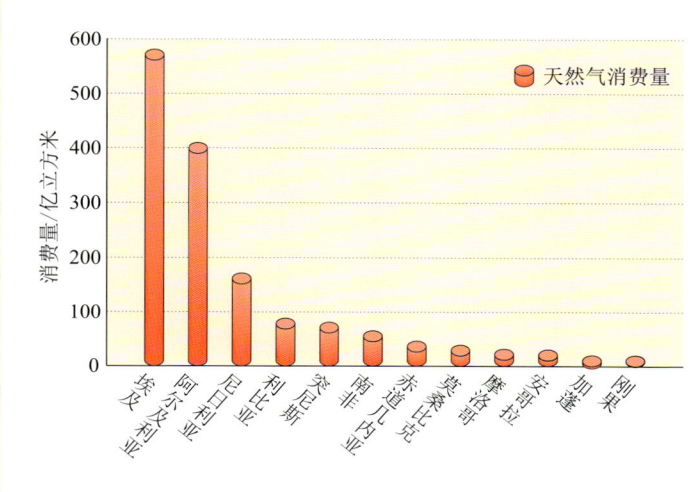

图2　非洲主要天然气消费国天然气消费量分布图

三、北非国家天然气进出口贸易频繁

非洲天然气主要出口国家为北非地区的阿尔及利亚、利比亚和埃及，出口天然气649亿立方米，占整个非洲的64.5%；其次为西非地区的尼日利亚，出口天然气262亿立方米，占整个非洲的26.04%。天然气进口方面，主要进口国家为北非地区的埃及和突尼斯，进口天然气102亿立方米，占整个非洲的71.52%；次之为南非，进口天然气38亿立方米，占整个非洲的21.99%（图3）。

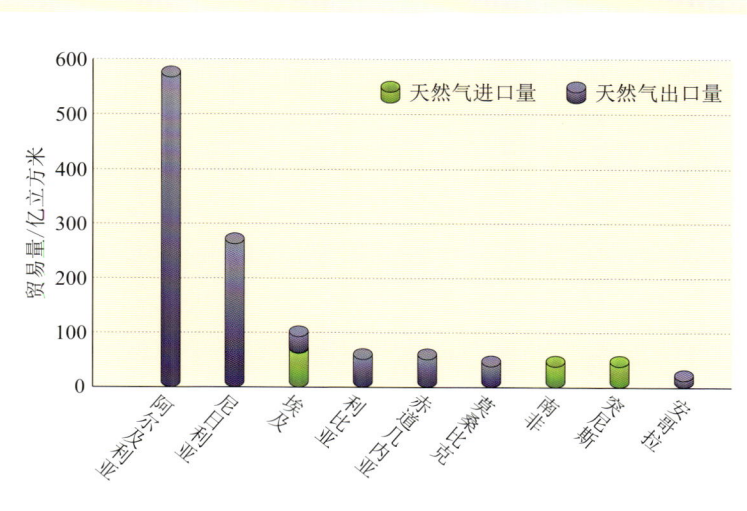

图3　非洲主要天然气进出口国家进出口量分布图

非洲油气管线分布图

本图反映了非洲主要原油、天然气、成品油管线分布。数据资料来源于相关学术资料和网络公开报道,数据截至2018年3月。

一、概况

非洲在运营、规划及在建的主干油气管线总长约3.1万千米,其中原油管线1.65万千米、天然气管线1.2万千米、成品油管线0.25万千米。

非洲油气管线总体表现为北非地区分布较为密集,西非地区分布较为局限,东非和南非地区分布较为稀疏的特点。油气管线主要分布在苏丹、利比亚、阿尔及利亚、埃及和尼日利亚等国家(表1)。

二、主要油气国家国内油气主干管线分布

利比亚拥有11条原油管线,长度约3 024千米;7条天然气管线,长度约1 440千米。油气管线起点主要是位于锡尔特盆地内的油田,终点多为利比亚北部沿海城市。

阿尔及利亚拥有6条原油管线,长度约2 382千米,11条天然气管线,长度约2 009千米;2条成品油管线。油气管线起点主要是位于阿尔及利亚中部的哈西鲁迈勒(Hassi R'mel)及其相邻的油田,终点多为包括阿尔及利亚首都阿尔及尔在内的北部城市[贝贾亚(Bejaja)、斯基克达(Skidarda)、阿尔泽(Arze)]。

埃及拥有7条原油管线,长度约1 078千米;12条天然气管线,长度约746千米;2条成品油管线。油气管线的特点是条数多,单条管线长度较短,主要分布于北部地区及东侧的苏伊士湾地区。

尼日利亚拥有4条原油管线,长度约1 014千米;4条天然气管线,长度约902千米;7条成品油管线,长度约2 310千米。油气管线起点多位于南部沿海地区,终点多为位于内陆城市或者炼油厂。尼日利亚拥有三座大型炼油厂,分别为卡杜纳炼油厂、瓦里炼油厂、哈科特港炼油厂。

苏丹拥有3条原油管线和1条成品油管线。3条原油管线起点分别从亚达耶鲁地区、沙拉夫气田和瓦迪哈勒法将原油运输至苏丹港等地区。成品油管线的起点为苏丹港,终点为喀土穆。

表1 非洲各国主要油气主干管线统计概况表

国家	原油管线		天然气管线		成品油管线	
	条数/条	长度/千米	条数/条	长度/千米	条数/条	长度/千米
利比亚	11	3 024	7	1 440		
阿尔及利亚	6	2 382	11	2 009	2	
埃及	7	1 078	12	746	2	
尼日利亚	4	1 014	4	902	7	2 310
苏丹	3				1	
科特迪瓦(象牙海岸)	1	674				
南非	1	647	1		1	
加蓬	4	161				
突尼斯	1	80	1			
津巴布韦					1	210
肯尼亚					3	
南苏丹-苏丹	3	3 060				
阿尔及利亚-意大利			2	2 592		
阿尔及利亚-突尼斯	2	775	1			
阿尔及利亚-西班牙			1	200		
阿尔及利亚-摩洛哥			1			
利比亚-意大利			1	516		
利比亚-突尼斯			1	260		
摩洛哥-西班牙			1	257		
尼日利亚-阿尔及利亚			1	4 400		
尼日利亚-加纳			1	1 033		
埃及-约旦			1	260		
乍得-喀麦隆	1	1 045				
加纳-科特迪瓦			1			
安哥拉-刚果					1	
肯尼亚-乌干达					1	
坦桑尼亚-赞比亚	1					
莫桑比克-津巴布韦					1	

三、主要油气国家跨国油气管线分布

非洲在运营、规划及在建的跨国油气管线有22条,其中天然气管线12条、原油管线7条、成品油管线3条。

南苏丹—苏丹拥有3条原油管线,其中两条为已建成原油管线、1条为在建原油管线。已建成原油线从南苏丹黑格里油田等油田或勘探区块将原油运输至苏丹港,长度为3 060千米。在建原油管线起点为南苏丹瓦乌、终点为苏丹沙拉夫气田。

阿尔及利亚是非洲洲际内主要的油气供应国,建有两条原油管线和五条天然气管线,原油主要向突尼斯输送,天然气主要往意大利、突尼斯、西班牙及摩洛哥输送。阿尔及利亚—突尼斯原油管线两条,第一条原油管线的起点为阿尔及利亚的扎尔扎廷,终点为突尼斯的拉斯基拉,全长775千米,输油能力为1 379.7万吨/年,第二条原油管线的起点为埃尔博尔马,终点与第一条原油管线相同;阿尔及利亚—意大利天然气管线两条,第一条天然气管线的起点为阿尔及利亚的埃尔卡拉,终点为卡利亚里(撒丁岛),第二条天然气管线的起点为阿尔及利亚的哈西鲁迈勒,终点为博洛尼亚,全长2 592千米,输气能力为270亿立方米/年;阿尔及利亚尼—突尼斯天然气管线的起点为阿尔及利亚的埃尔博尔马,终点为突尼斯的加贝斯;阿尔及利亚—西班牙天然气管线的起点为阿尔及利亚的贝尼萨夫,终点为西班牙南部的阿尔梅里亚,全长200千米,输气能力为80亿立方米/年;阿尔及利亚—摩洛哥天然气管线的起点为阿尔及利亚的哈西鲁迈勒,终点为摩洛哥的塔科法。

尼日利亚、利比亚和埃及是主要的天然气供应国,天然气主要向加纳、突尼斯、西班牙和约旦输送。尼日利亚—阿尔及利亚天然气管线的起点为尼日利亚的瓦里,终点为阿尔及利亚的阿尔泽;尼日利亚—加纳天然气管线的起点为尼日利亚的阿格斯,终点为加纳西南部港市塔科腊迪;利比亚—意大利天然气管线的起点为利比亚的迈利泰,终点为意大利的西西里岛;利比亚—突尼斯天然气管线的起点为利比亚的迈利泰,终点为突尼斯的加贝斯;摩洛哥—西班牙天然气管线的起点为摩洛哥北部港市丹吉尔,终点为西班牙的科尔多瓦;埃及—约旦天然气管线的起点为埃及的埃尔阿里什,终点为约旦西南部港市亚喀巴。

非洲主要跨境原油管线是乍得—喀麦隆管线,起点为乍得的多巴盆地,终点为喀麦隆的克里比。此外,非洲还有五条跨国管线:加纳—科特迪瓦、安哥拉—刚果、肯尼亚—乌干达、坦桑尼亚—赞比亚、莫桑比克—津巴布韦(表1)。

四、油气管线建设潜力

据统计,2017年年底全球运行的油气管道总里程的达到234万千米。北美地区的管道总里程为105.3万千米,占比例最大为45%;欧洲地区的管道总里程为74.9万千米,占比例32%;中东及非洲地区的管道总里程为28.85万千米,占比例12%;亚太地区和南美地区位于第四和第五位。然而,中东及非洲地区的管道总里程中,非洲油气管道仅有3.1万千米,占比较小。

非洲目前在建的贯穿撒哈拉天然气管道是非洲最长的天然气管线,它起于尼日利亚,穿过尼日尔,止于阿尔及利亚,由南至北横穿撒哈拉沙漠,管道全长4 400千米,直径1 219~1 420毫米,输送量300亿立方米/年。该管道建设需要克服沙漠高温、风沙环境,对管道施工技术提出了新的挑战。近年来非洲勘探一直保持增长势头,陆域和海域均不断有新的突破,预计随着非洲石油天然气资源开发利用的不断加强,油气管线建设将展现较大的发展空间。

中国油气进口份额及运输线路分布图

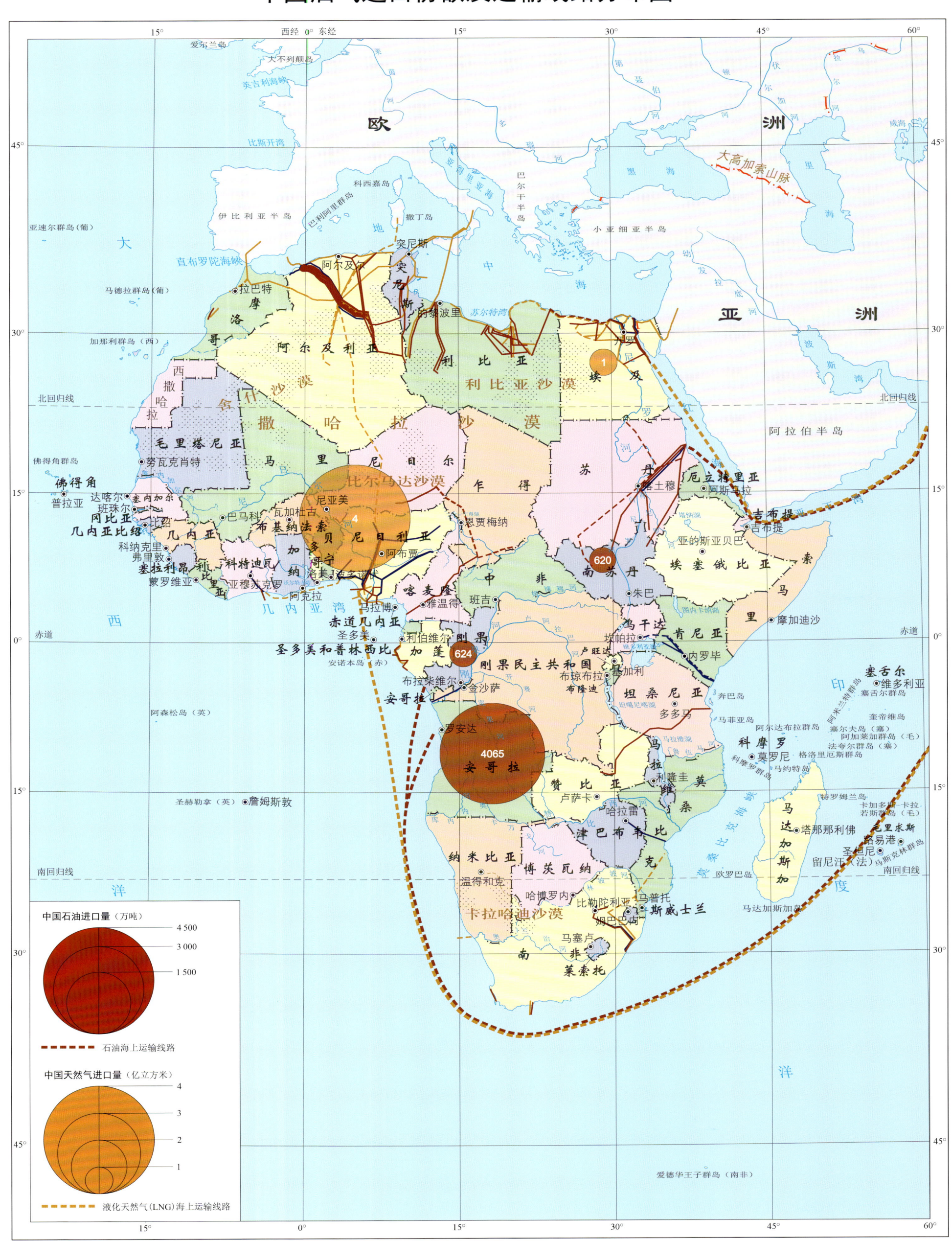

本图主要包括中国从非洲进口原油的来源国和海上运输通道。原油进出口数据主要来自中国国家海关总署和《BP世界能源统计年鉴》。

一、非洲油气出口概况

自20世纪90年代以来，非洲石油、天然气探明储量、产量和出口量均快速增长，正日益成为世界重要的油气生产、出口地区。特别是近年来东非地区相继获得一系列油气重大发现，使得非洲地区的能源生产格局发生巨大变化，逐步形成以北非、西非、东非为主的油气生产出口新格局。

非洲生产的石油大部分用于出口，是继中东和拉美之后世界重要的油气出口地区。2017年非洲原油出口量3.03亿吨，占非洲原油总产量的79.0%。其中西非和北非石油出口量分别为2.14亿吨和0.81亿吨，分别占世界原油出口总量的9.8%和3.7%。欧洲是非洲主要的石油出口市场，2017年欧洲从非洲进口原油1.07亿吨，占非洲总出口量的35.3%。

非洲天然气出口在世界占有一定比例。天然气主要以液化天然气（Liquefied Natural Gas，LNG）的形式出口，一些北非国家也通过管道向欧洲出口天然气。2017年非洲天然气出口1 006亿立方米，占世界天然气出口总量的8.9%；占非洲天然气总产量的44.7%。其中管道出口451亿立方米；液化天然气（LNG）出口555亿立方米。

二、中国在非洲的石油与天然气进口份额

自1992年开始，非洲原油在中国的市场份额逐步扩大，中国已经是非洲重要的油气出口市场。

2017年从非洲进口原油0.83亿吨，占非洲总出口量的27.3%，其中北非0.056亿吨、西非0.72亿吨、中南非0.047亿吨。据中国国家海关总署统计数据显示，2017年，中国从安哥拉进口原油5 043万吨，排在中国原油进口国第三位。

2017年，中国从非洲进口液化天然气（LNG）12亿立方米，占非洲总出口量的1.19%。其中从尼日利亚进口液化天然气（LNG）5亿立方米，从安哥拉进口液化天然气（LNG）4亿立方米，从埃及、阿尔及利亚和赤道几内亚分别进口液化天然气（LNG）1亿立方米。

三、运输路线

中国从非洲进口的原油和天然气的运输路线是海运航线。其中，刚果从哲诺油码头（Djeno）运出、南苏丹从苏丹港（Port Sudan）运出、安哥拉从罗安达（Luanda）运出、尼日利亚天然气从邦尼港（Bonny）运出、埃及的天然气从泽特湾（Zeit Bay）运出。

中国企业份额油气项目分布图

非洲油气勘探开发综合图

非洲地区油气资源丰富，为发展油气工业、促进经济发展，非洲许多国家制定了鼓励外资的政策，推进国有公司私有化，打破国有公司的垄断地位，举行勘探开发国际招标，改善投资环境，加强对外合作，使非洲成为全球最具吸引力的油气投资热点地区之一。20世纪90年代以后，中国企业进入非洲油气勘探开发领域，在非洲国家中产生了重大影响。尤其是中国石油天然气集团有限公司与苏丹的石油合作取得了举世瞩目的成绩，使苏丹由原油进口国一跃成为原油出口国。

从1995年与苏丹合作开始，中国企业陆续与阿尔及利亚、利比亚、尼日利亚、安哥拉、加蓬等国家展开了油气合作。目前，中国企业在开发非洲能源资源的方式主要有两种，一是通过贸易方式直接从非洲购买石油及石油产品，即"贸易油"；二是参与石油资源勘探开发，建立长期稳定的海外石油生产基地，获取"份额油"。

本图主要反映中国企业实施"走出去"战略，在非洲油气份额区块的分布。

中国在非洲各国进行油气勘探开发活动的企业主要有九家，分别为中国石油化工集团公司（简称"中石化"）、中国石油天然气集团有限公司（简称"中石油"）、中国海洋石油集团有限公司（简称"中海油"）、陕西延长石油（集团）有限责任公司（简称"延长石油"）、中国化工集团有限公司（简称"中化集团"）、振华石油控股有限公司（简称"振华"）、新辉国际（集团）有限公司（简称"新辉"）、大远国际石油公司（简称"大远"）、中国投资有限责任公司（简称"中国投资公司"）。

中国企业在非洲各国主导油气勘探开发和参与油气勘探开发的合同区块合计456个。主要分布在北非地中海沿岸、中非地区、几内亚湾和非洲东南部。

主要合作的国家有阿尔及利亚、利比亚、埃及、尼日尔、乍得、尼日利亚、苏丹、南苏丹、埃塞俄比亚、几内亚、赤道几内亚、加蓬、刚果、坦桑尼亚、马达加斯加、南非、喀麦隆等。

中国企业在油气勘探开发合作中为作业者的区块有37个，其中，中石油有15个、中石化有2个、中海油有5个、延长石油有7个、新辉国际有4个、大远国际有4个。

中国企业为作业者的区块主要分布的国家是：乍得（8个）、安哥拉（6个）、尼日尔（5个）、阿尔及利亚（3个）、尼日利亚（3个）、刚果（2个）、赤道几内亚（2个）、几内亚（2个）、喀麦隆（2个）、乌干达（2个）和加蓬（1个）。中国企业为作业者的区块大部分为2013年以后开始进行勘探开发的新区块。

中国企业油气份额区块主要分布的盆地为：阿尔伯丁地堑（东非大裂谷西支）、阿特扬隆起（伊利兹盆地）、邦戈尔地槽、乍得盆地、萨拉迈特盆地、哈希迈萨乌德隆起、下刚果-刚果扇盆地、尼日尔三角洲盆地、加蓬海岸盆地、乌埃德姆亚盆地、里奥穆尼盆地、塞内加尔盆地。

非洲国家油气勘探开发风险评估图

非洲油气勘探开发综合图

国家油气勘探开发风险评估因素考虑了政治风险（政局稳定性、政体成熟度、宗教信仰）、经济风险、商业环境风险、法律风险、外交风险（周边威胁和与我国的关系）等，以政治风险为主；其次考虑了在油气领域的合作潜力。本图主要根据中国出口信用保险公司《国家风险分析报告》和自然资源部油气资源战略研究中心《全球油气地质综合研究与区域优选》项目成果等相关资料，并结合2017年以来的国际形势，对非洲的54个国家及六个地区进行风险评估。风险评估级别分为一级至五级，分别代表稳定、较低风险、一般风险、较高风险和高风险。

一、非洲各国（地区）风险评估

1. 北非国家风险整体偏高

利比亚2011年爆发了国内战争，目前处于过渡期，群雄割据，政局和安全形势的恶化导致经济重建缓慢，石油出口锐减，油气勘探开发风险高。

苏丹2010年年底的"颜色革命"致使国家分裂，目前苏丹已颁布宪法，但政府组建进程被屡次推迟，政局较不稳定，与南苏丹既有冲突又有依赖与合作，油气勘探开发风险较高。

阿尔及利亚政局存在较大不确定性，油气开发与合作均由国家控制，新的开放性法律法规有利于对外合作，但伊斯兰极端主义犹存，安全风险不可小觑；埃及2011年动荡后使政局存在不确定性，国家石油公司控制石油上下游所有领域，近年来与外国公司签订了较多的勘探、生产合同。这两个国家油气勘探开发风险为一般风险级别。

突尼斯2010年爆发动荡之后，近年来已日趋稳定，但仍存在不确定因素，油气资源较少，勘探开发风险为较低风险级别。

摩洛哥实行君主立宪制，整体政局较稳定。油气资源较少，勘探开发风险为稳定级别。

2. 东非南苏丹、索马里等风险高，其余国家风险整体偏低

东非通常包括12个国家。

埃塞俄比亚、肯尼亚、坦桑尼亚、莫桑比克和马达加斯加五国，属于近年来政治局势基本稳定，油气勘探开发风险较低。

卢旺达、吉布提、乌干达、塞舌尔四个国家，政局趋于稳定，油气勘探开发风险一般。

索马里经济形势沉重和数十年内战使政治局势混乱；厄立特里亚由于与埃塞俄比亚的边界争端，长期处于备战状态，国家经济濒临破产；南苏丹于2011年7月9日公投宣布独立，施行"南苏丹过渡期宪法"，过渡期政局不确定因素较多；此三国油气勘探开发风险高。

3. 西非国家（地区）西撒哈拉等风险高

西撒哈拉（争议地区）风险高。马里、尼日利亚和布基纳法索三个国家（地区）油气勘探开发风险较高。尼日尔、几内亚比绍、几内亚、利比里亚、冈比亚五个国家，油气勘探开发风险为一般级别。

毛里塔尼亚、塞内加尔、塞拉利昂、科特迪瓦、贝宁和多哥六个国家油气勘探开发风险较低。

加纳、佛得角是本区油气勘探开发风险最低的国家。

4. 中非国家风险偏高

乍得政局长期动荡，经济基础薄弱；刚果（金）总体政局较稳定，但治安较差；中非除首都地区以外治安状况较差，这三个国家油气勘探开发风险较高。喀麦隆、加蓬、刚果（布）、圣多美和普林西比、赤道几内亚五个国家油气勘探开发风险较低。

5. 南非国家风险较低

津巴布韦2017年11月发生政变，风险较高。

斯威士兰政局一直比较平稳，但2000年国内不稳定因素增长，与中国无外交关系，油气勘探开发风险较高。

莱索托、马拉维、科摩罗、毛里求斯四国政局相对稳定，但自然资源贫乏，勘探开发风险一般。

南非政局总体稳定，各种社会问题不激烈但长期存在；赞比亚政局呈现不稳趋势，油气勘探开发风险较低，这两个国家油气勘探开发风险较低。

纳米比亚和博茨瓦纳政局稳定，社会治安相对较好，这两个国家油气勘探开发风险评价为稳定级别。

二、投资环境潜力

非洲总体经济落后且发展缓慢、经济基础薄弱、政局普遍动荡，但拥有丰富的油气资源储藏和较低的开采成本，而且投资环境亦不断好转，有着极大的勘查、开发和市场潜力。2012年以来，东非地区的索马里、肯尼亚、莫桑比克、坦桑尼亚等国接连不断在陆上和海上获发油气发现，正引领非洲新一轮油气开发。

与非洲各国（地区）的油气合作面临着许多机遇和挑战，投资方应注意：

应充分考虑资源国的整体风险因素，确保投资安全。

非洲各国油气勘探开发形势图

- ◎ 塞内加尔、毛里塔尼亚、冈比亚、佛得角、几内亚比绍、几内亚、塞拉利昂、利比里亚油气勘探开发形势图
- ◎ 贝宁、多哥、加纳、科特迪瓦油气勘探开发形势图
- ◎ 尼日利亚油气勘探开发形势图
- ◎ 喀麦隆油气勘探开发形势图
- ◎ 加蓬、赤道几内亚、圣多美和普林西比油气勘探开发形势图
- ◎ 刚果（布）油气勘探开发形势图
- ◎ 安哥拉油气勘探开发形势图
- ◎ 阿尔及利亚、摩洛哥油气勘探开发形势图
- ◎ 利比亚、突尼斯油气勘探开发形势图
- ◎ 埃及油气勘探开发形势图
- ◎ 马里、尼日尔、布基纳法索油气勘探开发形势图
- ◎ 乍得油气勘探开发形势图
- ◎ 苏丹、南苏丹油气勘探开发形势图
- ◎ 埃塞俄比亚、厄立特里亚、吉布提、索马里油气勘探开发形势图
- ◎ 肯尼亚油气勘探开发形势图
- ◎ 刚果（金）、中非、乌干达、卢旺达、布隆迪油气勘探开发形势图
- ◎ 坦桑尼亚油气勘探开发形势图
- ◎ 赞比亚、博茨瓦纳、津巴布韦油气勘探开发形势图
- ◎ 莫桑比克、马拉维油气勘探开发形势图
- ◎ 南非、斯威士兰、莱索托、纳米比亚油气勘探开发形势图
- ◎ 马达加斯加、科摩罗、毛里求斯、塞舌尔油气勘探开发形势图

塞内加尔、毛里塔尼亚、冈比亚、佛得角、几内亚比绍、几内亚、塞拉利昂、利比里亚油气勘探开发形势图

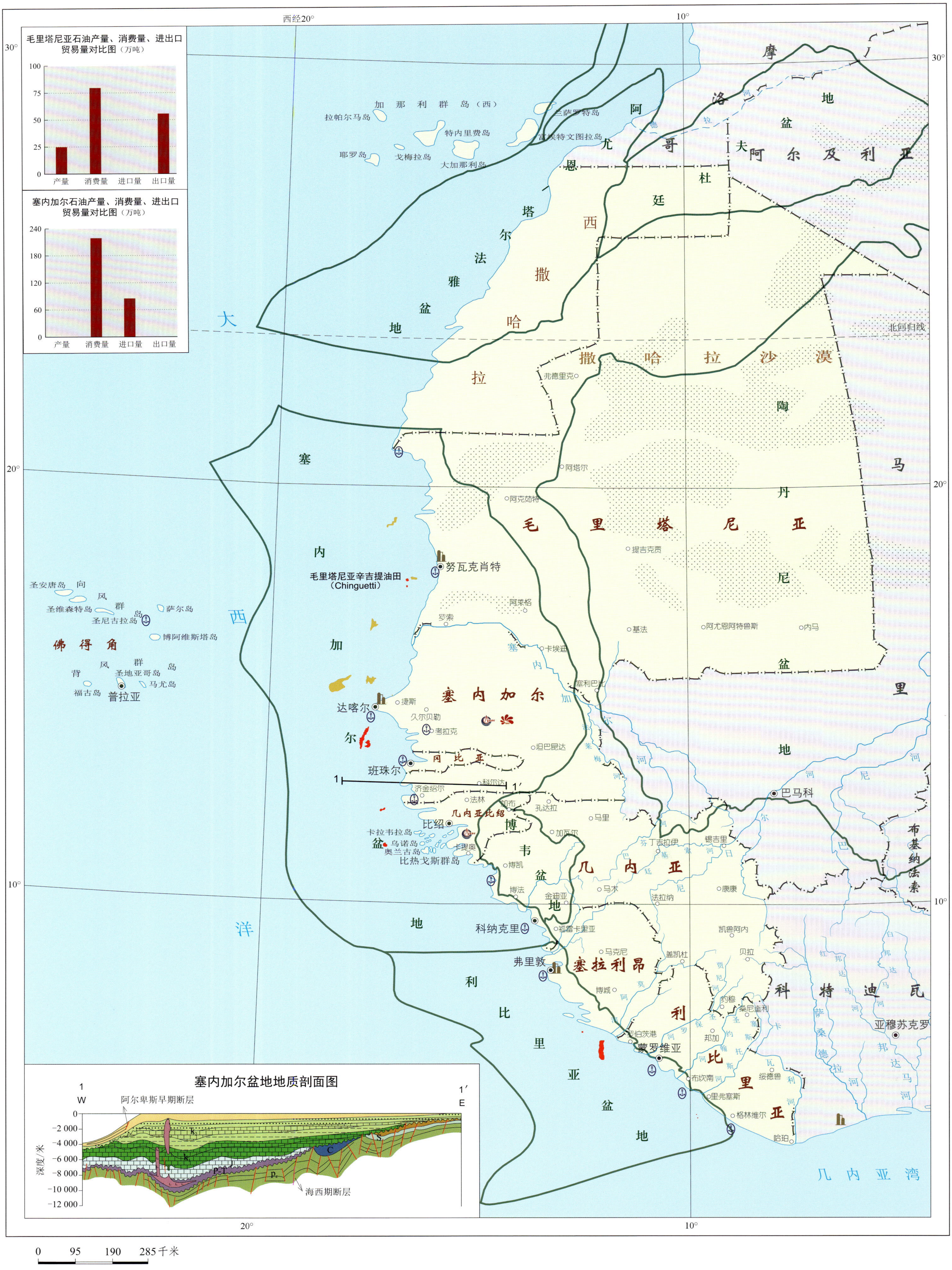

非洲各国油气勘探开发形势图

一、概况

西撒哈拉（Sáhara Occidental）位于非洲西北部，地处撒哈拉沙漠西部，滨临大西洋，与摩洛哥、毛里塔尼亚、阿尔及利亚相邻，是一个有争议地区，面积26.60万平方千米，人口56.74万（2019年1月）。区代码为EH，多讲阿拉伯语。最大城市为阿尤恩（La Ayoune）。由于历史遗留问题，西撒哈拉地位至今仍未确定。西撒哈拉目前分别处在摩洛哥和西撒哈拉人民解放阵线控制之下。摩洛哥实际控制了西撒哈拉约90%的土地，其余为西撒哈拉人民解放阵线所控制。

塞内加尔共和国（The Republic of Senegal）位于非洲西部凸出部位的最西端。北接毛里塔尼亚，东邻马里，南接几内亚和几内亚比绍，西濒大西洋。海岸线长约500千米。属热带草原气候，年平均气温29℃，最高气温可达45℃。面积19.7万平方千米，人口1629.43万（2019年1月）。官方语言为法语，全国80%的人通用沃洛夫语。塞内加尔宪法规定总统是国家元首和武装部队最高统帅，由直接普选产生，任期五年，只能连任一次。塞内加尔是联合国公布的最不发达国家之一，但经济门类较齐全，三大产业发展较平衡。近年来塞内加尔经济保持稳定增长，近海石油资源的勘探是其一经济亮点。

毛里塔尼亚伊斯兰共和国（The Islamic Republic of Mauritania）位于非洲撒哈拉沙漠西部，与西撒哈拉、阿尔及利亚、马里和塞内加尔接壤。西濒大西洋，海岸线全长667千米。属热带沙漠性气候，高温少雨。年平均气温约25℃。面积103万平方千米，人口450万（2018年）。阿拉伯语为官方语言，法语为通用语言。约96%的居民信奉伊斯兰教。毛里塔尼亚实行总统制，总统为国家元首，由普选产生，任期为五年，只可连任一次。1986年毛里塔尼亚被联合国定为世界最不发达国家之一。经济结构单一，基础薄弱，铁矿业和渔业是国民经济的两大支柱，油气产业是新兴产业，勘探开发潜力大。毛里塔尼亚经济增长下行压力加大。

冈比亚共和国（Republic of The Gambia）位于非洲西部，为一狭长平原嵌入塞内加尔共和国境内。西濒大西洋，海岸线长48千米。属热带草原气候，内地平均气温约27℃。面积11 295平方千米，人口216.38万（2019年1月）。官方语言为英语，民族语言有曼丁哥语、沃洛夫语、富拉语（又称颇尔语）和塞拉胡里语等。居民90%信奉伊斯兰教，其余信奉基督教新教、天主教和原始宗教。冈比亚宪法规定总统为国家元首、政府首脑和武装部队总司令；总统由直接普选产生，每届任期五年，连任次数不限。冈比亚系最不发达国家和重债穷国，农业国、转口贸易和旅游业为主要收入来源，经济体量小，工业基础薄弱，粮食不能自给。

佛得角共和国（The Republic of Cabo Verde）位于北大西洋的佛得角群岛上，东距非洲大陆最西点佛得角（塞内加尔境内）500多千米，海岸线长912.5千米，属热带干燥气候年平均温度20~27℃。首都普拉亚（Praia），面积4 033平方千米，人口55.33万（2019年1月）。官方语言为葡萄牙语，民族语言为克里奥尔语。98%的居民信奉天主教，少数人信奉基督教新教等其他宗教。宪法规定佛得角是一个民主法治的主权国家，实行多元民主和议会制。总统为国家元首，经普选产生，任期五年，可连任一次。经济以服务业为主，产值占国内生产总值70%以上。粮食不能自给，工业基础薄弱。2007年12月，佛得角加入世界贸易组织。2008年，佛得角正式脱离最不发达国家，进入中等收入国家行列。

几内亚比绍共和国（The Republic of Guinea-Bissau）位于非洲西部，包括比热戈斯群岛等岛屿。大陆部分北接塞内加尔，东、南邻几内亚，西濒大西洋。海岸线长约300千米。属热带海洋性季风气候，全年高温，年平均气温约25℃。面积3.6万平方千米，人口190.73万（2019年1月）。有27个民族，其中巴兰特族占总人口的27%、富拉族占23%、曼丁哥族占12%。官方语言为葡萄牙语。通用克里奥尔语。45%的居民信奉伊斯兰教，其余信奉拜物教、天主教、基督教新教和其他宗教。几内亚比绍实行半总统制，总统是国家元首，总理为政府首脑。总理、政府成员经议会多数党提名后总统任命。总统每届任期五年，可连任一次。几内亚比绍是联合国公布的最不发达国家之一。工业基础薄弱，粮食不能自给。渔业资源丰富，发放捕鱼许可证和渔产品出口是其主要外汇收入来源。

几内亚共和国（The Republic of Guinea）位于西非西岸，北邻几内亚比绍、塞内加尔和马里，东与科特迪瓦、南与塞拉利昂和利比里亚接壤，西濒大西洋。海岸线长约352千米。沿海地区为热带季风气候，内地为热带草原气候。年平均气温为24~32℃。面积24.6平方千米，人口1 305.26万（2019年1月）。全国有20多个民族，其中富拉族（又称颇尔族）约占全国人口的40%以上、马林凯族约占30%以上、苏苏族约占20%。官方语言为法语。全国约85%的居民信奉伊斯兰教，5%信奉基督教，其余信奉原始宗教。总统任期为五年，最多只能担任两个任期。几内亚系最不发达国家。经济以农业、矿业为主，工业基础薄弱，粮食不能自给。自然资源丰富，铝、铁矿储藏大、品位高，其中铝土矿探明储量居世界第一。水利资源丰富，是西非三大河流发源地，有"西非水塔"之称。

塞拉利昂共和国（The Republic of Sierra Leone）位于非洲西部，北、东北与几内亚接壤，东南与利比里亚交界，西、西南濒临大西洋，海岸线长约485千米。属热带季风气候。年平均气温约27℃。面积7.2平方千米，人口771.97万（2019年1月）。全国有20多个民族，南部的曼迪族最大，北部和中部的泰姆奈族次之，两者各占全国人口的30%左右。官方语言为英语，民族语言主要有曼迪语、泰姆奈语、林姆巴语和克里奥尔语。60%的居民信奉伊斯兰教，30%的居民信奉基督教，10%信奉拜物教。宪法规定总统为国家元首、政府首脑和武装部队总司令，有权任免副总统、内阁部长、军队司令、警察总监、总检察长和首席法官。总统任期五年，可连任，但不得超过两任。塞拉利昂系最不发达国家之一。经济以农业和矿业为主，粮食不能自给。长期内战使塞拉利昂基础设施毁坏严重，国民经济濒于崩溃。矿藏丰富，主要有钻石、黄金、铝矾土、金红石、铁矿砂等。

利比里亚共和国（The Republic of Liberia）位于非洲西部。北接几内亚，西北界塞拉利昂，东邻科特迪瓦，西南濒大西洋。海岸线长537千米。属热带季风气候，年平均气温约25℃。面积11.1平方千米，人口485.35万（2019年1月），有16个民族，较大的有克佩尔、巴萨、丹族、克鲁、格雷博、马诺、洛马、戈拉、曼丁哥、贝尔及19世纪自美国南部移居来的黑人后裔。官方语言为英语。居民85.6%信奉基督教。宪法规定，总统是国家元首、政府首脑和武装部队总司令，任期六年，可任两届。立法权属议会。总统和议员由直接选举产生。实行多党制，国家权力由各党派分享。利比里亚系最不发达国家之一，为农业国，但粮食不能自给，工业不发达，矿产资源丰富。天然橡胶、木材等生产和出口为其国民经济的主要支柱。自然资源丰富。铁矿砂已探明储量超过40亿吨。另有钻石、黄金、铝矾土、铜、铅、锰、锌、钶、钽、重晶石、蓝晶石等矿藏。

二、石油工业基本情况

1. 油气资源量、储量、产量和供需情况

据美国能源信息署（EIA）数据，西撒哈拉2015年石油消费量8.5万吨。

据美国能源信息署（EIA）数据，塞内加尔2015年石油消费量220万吨、天然气产量0.46亿立方米、天然气消费量0.45亿立方米。据CIA数据，塞内加尔2013年原油进口86万吨。

毛里塔尼亚在20世纪60年代就开始油气勘探活动，但仅有唯一的一个在产油田——辛吉提油田，且可采储量已接近耗竭。据USGS 2012年评估数据，毛里塔尼亚的油待发现资源量2 877万吨、气待发现资源量381亿立方米。据美国《油气杂志》数据，2016年毛里塔尼亚石油剩余探明储量274万吨、石油产量25万吨、天然气剩余探明储量273亿立方米。据美国能源信息署（EIA）数据，毛里塔尼亚2015年石油消费量80万吨。据CIA数据，毛里塔尼亚2013年原油出口56万吨。

据美国能源信息署（EIA）数据，冈比亚2015年石油消费量18万吨。

据美国能源信息署（EIA）数据，佛得角2015年石油消费量30万吨。

由于战乱，几内亚比绍没有成熟的石油工业，油气勘探开发活动十分有限。据USGS评估数据，2013年几内亚比绍的油待发现资源量919万吨、气待发现资源量122亿立方米。据美国《油气杂志》数据，2016年几内亚比绍石油剩余探明储量137万吨，天然气剩余探明储量0.3亿立方米。根据EIA数据，2015年几内亚比绍石油消费量12.5万吨。

饱受内乱的几内亚没有现代化的石油工业，迄今为止仅仅钻探了两口钻井，并没有取得油气发现。几内亚海域位于大西洋的东侧，横跨利比里亚和塞内加尔盆

地，其地质条件和北部已取得油气发现的毛里塔尼亚和南部的塞拉利昂类似，因此被认为具有一定勘探潜力。几内亚曾计划在2014年举行区块招标，但由于新石油法案的即将出台及爆发的埃博拉病毒等原因导致取消。迄今为止几内亚都没有举行过公开的区块招标。据USGS 2013年评估数据，几内亚的油待发现资源量40万吨、气待发现资源量5.3亿立方米。根据EIA数据，2015年几内亚石油消费量80万吨。

塞拉利昂政局动荡，经济落后，严重阻碍了其油气工业的发展。2002年后，随着内战的结束和民主政府的上台，油气勘探开发活动开始升温。2009年后，石油公司在塞拉利昂钻探了六口探井，并先后于2009年、2010年、2012年取得了Venus、Mercury和Jupiter油气发现。据美国《油气杂志》数据，2016年塞拉利昂石油剩余探明储量2 124万吨、天然气剩余探明储量52亿立方米。根据EIA数据，2015年塞拉利昂石油产量0.13万吨、石油消费量37.5万吨。

利比里亚石油工业仍处于起步阶段。20世纪70年代的油气勘探主要集中在浅水的前裂谷期目标。随后爆发的两次内战（1989～1996年和1999～2003年）严重阻碍了利比里亚石油工业的发展。截至目前，利比里亚共钻探了13口探井。2016年，埃克森美孚在LB-13区块的Mesurado-1井取得油气发现。据美国《油气杂志》数据，2016年利比里亚石油剩余探明储量1 904万吨、天然气剩余探明储量20.9亿立方米。根据EIA数据，2015年利比里亚石油消费量33万吨。

2. 主要含油气盆地

西撒哈拉、塞内加尔、毛里塔尼亚、几内亚、塞拉利昂和利比里亚等九个国家及地区的主要含油气盆地有：廷杜夫盆地（Tindouf Basin）、阿尤恩-塔尔法雅盆地（Aaiun-Tarfaya Basin）、陶丹尼盆地（Taodeni Basin）、塞内加尔盆地（Senegal Basin）等。

其中，塞内加尔盆地已发现有油气藏（田）和储量。塞内加尔盆地发育于古生代盆地之上的被动陆缘盆地。盆地长轴呈SN走向，面积104万平方千米，其中海上面积68万平方千米。盆地的成生演化经历了三个阶段：前裂谷阶段（新元古界—古生界）、同裂谷阶段（二叠系—三叠系）和后裂谷阶段（即被动陆缘盆地阶段，中侏罗统—第四系）。盆地基底为前寒武系片麻岩。前裂谷阶段（新元古界—古生界）寒武系—奥陶系为陆相砂岩、页岩，海陆交互相砂泥岩。同裂谷阶段三叠系—上侏罗统为巨厚的蒸发岩、厚层灰岩、白云岩、湖相砂岩夹页岩，被动陆缘盆地阶段下白垩统厚度超过1 000米，白垩纪中期的阿普特阶—塞诺曼阶500～1 000米厚度的页岩是较好的烃源岩。塞诺曼期为海退的开始，晚白垩世末期局部发育海陆交互相，可见薄层褐煤线。古新统—始新统沉积了一套碳酸盐岩。始新统为一广阔海沉积的有孔虫灰岩、礁灰岩等，属于好的储层。储层的平均孔隙度10%～20%，局部砂岩段可超过30%，塞内加尔陆上Kolobance井塞诺曼阶砂岩孔隙度超过35%，渗透率高达5达西。中新统上部发育的高能浅水砂岩、黏土岩等是本盆地上部的良好盖层。

烃源岩分别发育于古生界、侏罗系、下白垩统、上白垩统、古近系、新近系等层位。塞内加尔盆地的圈闭为盐构造圈闭、火山岩活动构造圈闭、生长断层圈闭、沉积岩地层圈闭和碳酸盐岩滩体圈闭等多种多期。塞内加尔盆地已发现油气田21个，总探明储量1.64亿吨（油当量），海上的资源潜力胜于陆上。据USGS 2016年对塞内加尔盆地的白垩纪—新近纪含油气系统待发现资源量（中值概率下）为：石油待发现资源量23.50亿桶（3.21亿吨）；总天然气待发现当量资源量187 060亿立方英尺（5 293.15亿立方米），其中凝析油44 650亿立方英尺（1 263.44亿立方米），气142 410亿立方英尺（4 029.71亿立方米）；总天然气液（Natural Gas Liquid，NGL）待发现当量资源量5.67桶（0.78亿吨），其中凝析油1.21桶（0.17亿吨），气4.46亿桶（0.61亿吨）。2012年，USGS待发现资源量评价结果为：石油待发现资源量23.50亿桶（3.21亿吨），天然气待发现资源量44 645.4亿立方英尺（1 263.44亿立方米），天然气液（NGL）待发现资源量4.47亿桶（0.61亿吨）。2016年与2012年相比，天然气、天然气液待发现资源量大幅度增加，石油待发现资源量没有变化。

3. 主要油气田

塞内加尔共发现有13个油气藏（田），其中两个为油藏（田）、11个为气藏（田）。目前有一个气田在生产，是Gadiaga气田，三个油气田处于评估状态，其他为发现油气藏或者油气田暂时关闭。

毛里塔尼亚共有14油气藏（田），其中五个为油藏（田）、九个为气藏（田）。目前在生产油田只有一个，是辛吉提（Chinguetti）油田，有一个油田和一个气田处于在评估状态，其他均未发现油气藏。2006年开始商业开采的辛吉提油田是毛里塔尼亚仅有的在产油气田，但该油田产能衰减剧烈，估计已关停。

几内亚比绍境内有一个油田为Sinapa 2油田，处于评估状态。

塞拉利昂有四个油气藏发现，分别为Jupiter 1、Mercury 1、Savannah 1X和Venus B-1。

利比里亚进入21世纪以来有三个油气藏发现，分别为Bee Eater 1、Montserrado 1和Narina 1。

毛里塔尼亚辛吉（Chinguetti）油田位于该国海域盆地（Offshore Basin）的努瓦克肖特港（Port Nouakchott）附近，大致位置：N=16°30′～18°20′，W=16°30′～17°30′。其烃源岩为上白垩统页岩。储层为中新统浊积砂体。上白垩统、古近系—新近系的三角洲相砂岩间夹页岩、泥岩及蒸发岩等构成良好的储盖组合。

辛吉提油田发育次生盐构造圈闭，流变、蠕动的盐岩影响了沉积时期储层的发育位置、方向及横向展布。烃的运聚时间为古新世至今，属于一个仍在成烃、成藏活动的油田。2006年完钻的四口井最高试产达到日产10 741吨。

4. 油气管道

塞内加尔境内的气管线为53千米，油管线为8千米，总里程为61千米。运输管道共四条，其中油管线有一条、气管线有三条，连接油气田和化工厂、储油罐。其他国家境内无管线。利比里亚境内油管线管道总里程为11千米。

5. 石油炼制和化工

塞内加尔有一个炼油厂Dakar，为运营状态，由道达尔运营。据《油气杂志》数据，2016年塞内加尔原油加工能力2 118.8万吨。

毛里塔尼亚有两个炼油厂，一个废弃，另一个为在运营炼油厂Somir，位于努瓦底市。

塞拉利昂的炼油厂有一个，为Freetown炼油厂。据《油气杂志》数据，2016年塞拉利昂原油加工能力为125.2万吨。

利比里亚的炼油厂有一个，据《油气杂志》数据，2016年利比里亚原油加工能力为450万吨。

三、投资环境

1. 管理体制

塞内加尔石油工业的管理部门是矿产和能源部。塞内加尔政府通过国家公司Petrosen参与境内的石油勘探开发活动。现国家总统萨勒（Macky Sall）拥有地质专业背景，曾担任过Petrosen的总裁。

毛里塔尼亚矿产和工业部是石油行业的管理机构。2004年建立的国家石油公司SMHPM享有陆上和海上区域勘探权益。SMHPM依靠合作伙伴执行勘探开发活动，自身没有独立作业能力。

几内亚油气勘探开发的主管部门是石油部，负责政策制定。下属的石油管理局是执行机构，负责政策执行和区块招投标等工作。

塞拉利昂总统办公室下属的石油资源管理局（Petroleum Resources Unit）是石油工业主管部门，成立于2001年，负责行业监管及政府与公司间的协调工作。

利比里亚土地、矿产和能源部是油气勘探开发的主管部门，负责区块招投标和许可证发放。

2. 石油法律法规

塞内加尔石油工业的主要适用法律是1998年的《石油法典》，2015年塞内加尔宣布进行部分法律和财税条款的修订。塞内加尔采用的石油合同是产量分成合同。

毛里塔尼亚主要的油气法规是1988年第151号指令。主要采用产量分成合同。

现行标准合同文本是1981年发布的。

2012年几内亚比绍出台了新的《石油法》，但是由于政局动荡，该法案一直未得到全面实施。当前几内亚比绍油气勘探开发适用产量分成协议。

2014年几内亚新出台的《石油法典》是主要的石油法律。油气勘探开发适用产量分成协议。

塞拉利昂的石油法律法规是2002年出台的《石油法案》。2011年议会对该法案进行了修订，强制规定塞拉利昂国家石油公司（SLNPC）享有全部海上区块10%的权益。

2014年利比里亚新出台的《石油法典》是主要的石油法律。新石油法规定利比里亚国家石油公司（NOCAL）可在任何已发现油田中获得10%的附带权益。石油合同采用产量分成协议，政府所得约为70%。

3. 对外合作情况

在塞内加尔，从事石油勘探开发活动的主要为一些小型石油公司，作业区块主要集中在陆上。尽管近年塞内加尔不断出台财税激励措施，大型国际石油公司鲜少涉足塞内加尔上游领域。塔洛石油公司（Tullow Oil）是曾在塞内加尔作业的唯一的大型国际石油公司，曾持有与毛里塔尼亚相邻的St.Louis海上区块。由于未能就区块延期与塞内加尔政府达成一致，塔洛石油公司已于2013年宣布退出。康菲石油公司曾持有塞内加尔三个勘探区块的15%工作权益，但也于2016年出售了其全部权益。凯恩能源（Cairn Energy）现持有三个海上作业区块，分别是Sangomar深水区块和Sangomar、Rufisque两个浅水区块。2014年凯恩能源在Sangomar深水区块发现了FAN和SNE油田，2016年的后续勘探评价结果显示SNE油田技术可采储量可达3.85亿桶油当量。科斯莫斯能源（Kosmos Energy）持有St.Louis Offshore Profond和Cayar Offshore Profond两个深水区块 60%的工作权益。2016年1月28日英国《太阳报（The Sun）》消息，科斯莫斯能源有限公司（Kosmos Energy Ltd.）在圣路易海上完成一口勘探井Buembeul1，井深5 245米，发现两个高品质天然气储层，初步评价其储量约为4 500亿立方米。其他在塞内加尔进行上游作业的还有Timis Corp.、African Petroleum Corp.、Tender Oil and Gas、Blackstaris Energy、A-Z Petroleum、Atlas Petroleum等石油公司。

在毛里塔尼亚进行油气资源勘探开发的公司包括塔洛、科斯莫斯、道达尔、凯恩能源、Wintershall、Woodside和马来西亚国家石油公司等。目前，仅有Woodside石油公司转让给马来西亚国家石油公司的辛吉提油田在进行石油生产。中石油于2004年进入毛里塔尼亚，拥有Ta13、21、12和20四个风险区块勘探区块。2006年，中石油部署在20区块的第一口探井Heron-1井开钻，获得油气显示。2019年，科斯莫斯公司在其"未来勘探规划"中表示，其将地质勘探重点之一部署于塞内加尔、毛里塔尼亚、加蓬等大西洋边缘盆地（basins along the Atlantic Margin）中。

埃克森美孚、道达尔石油公司曾在20世纪60年代开始在几内亚比绍开始油气勘探作业。现阶段石油公司的勘探作业主要集中在几内亚比绍-塞内加尔海上联合经济开发区，主要的作业者有ORYX石油公司、FAR石油公司、Impact石油天然气公司。

几内亚石油工业极其落后，仅有Hyperdynamics、Simba Energy、Summa Energy三家石油公司在几内亚从事油气勘探作业。Tullow Oil和Dana Petroleum两家石油公司已于2016年退出。

当前在塞拉利昂进行油气勘探开发作业的仅有五家石油公司。拥有区块面积最大的石油公司是Sl Exploration。其他作业者包括African Petroleum Corp.、Atlas Petroleum International。此外还有Minexco Petroleum、Masters Energy Oil and Gas及Signet Petroleum石油公司。

埃克森美孚、雪佛龙、埃尼均在利比里亚有作业区块，科斯莫斯则是利比里亚持有区块面积最大的石油公司。

贝宁、多哥、加纳、科特迪瓦油气勘探开发形势图

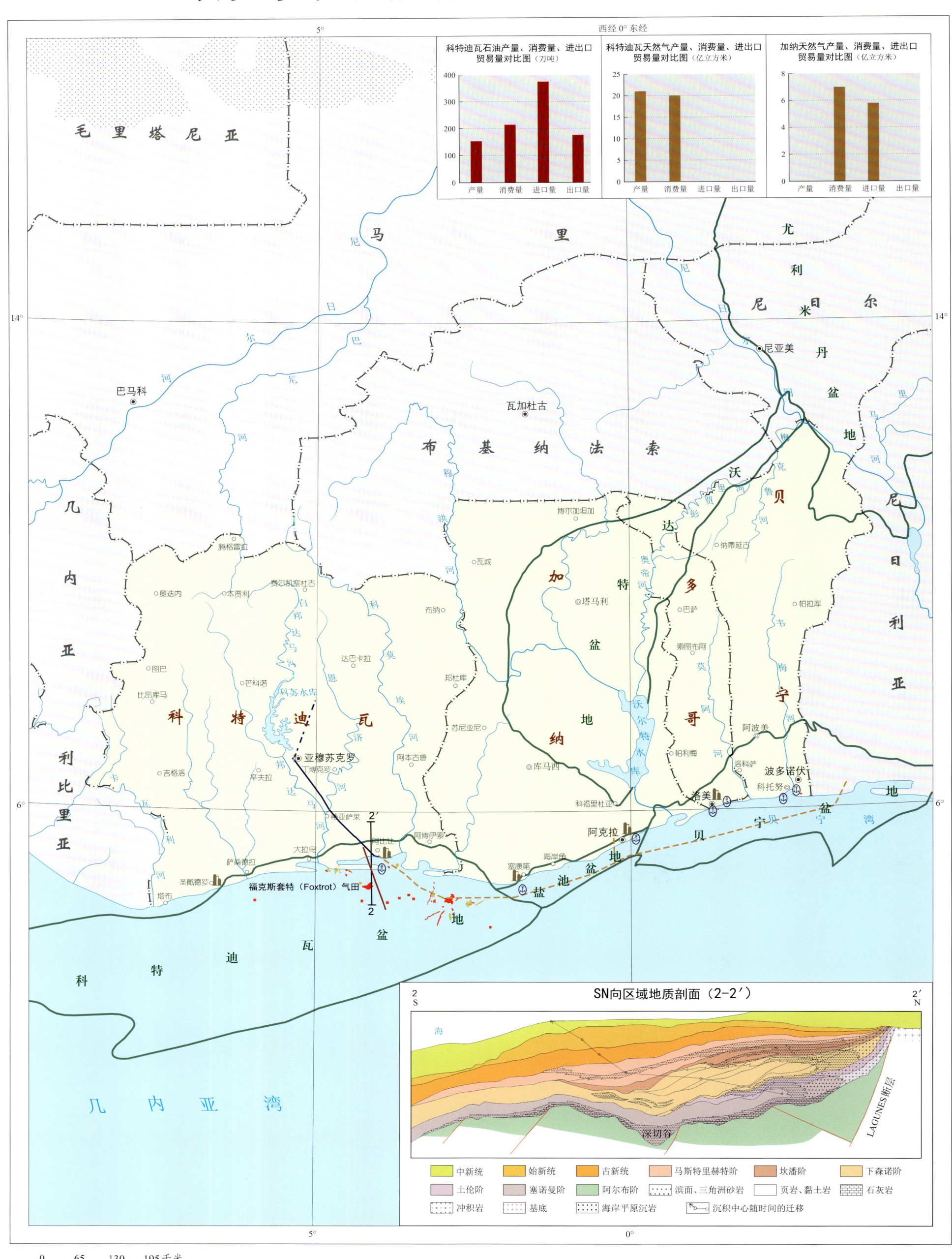

一、概况

贝宁共和国（The Republic of Benin）位于西非赤道和北回归线之间的热带地区（N=6°30′～12°30′，E=1°0′～30°40′），南濒几内亚湾，东邻尼日利亚，北与尼日尔接壤，西北与布基纳法索相连，西和多哥接壤，海岸线长125千米。面积11.26万平方千米，人口1 148.57万（2019年1月）。贝宁由60多个民族组成，其中丰族、阿贾族、约鲁巴族为主要民族。传统宗教、基督教和伊斯兰教并列成为贝宁的三大宗教信仰。贝宁实行总统内阁制，总统为国家元首、政府首脑和武装部队统帅，由直接普选产生，任期五年，可连续连任一次。贝宁是最不发达国家之一，经济以农业为主，盛产棕榈油，粮食不能自给。

多哥共和国（The Republic of Togo）位于非洲西部，南濒几内亚湾，东邻贝宁，西界加纳，北与布基纳法索接壤。海岸线长56千米。南部属热带雨林气候，北部属热带草原气候。年平均气温沿海地区为27℃，北部为30℃。面积5.7万平方千米，人口799.09万（2019年1月）。官方语言为法语。民族语言以埃维语和卡布列语较通用。居民中约70%信奉拜物教，20%信奉基督教，10%信奉伊斯兰教。宪法规定多哥实行半总统制。总统为国家元首和军队最高统帅，任期五年，可连选连任；总统有权解散议会、颁布议会通过的法律和实行赦免。总理出自议会多数派，对议会负责。多哥是联合国公布的世界上最不发达国家之一，基础薄弱，结构单一。农业、磷酸盐和转口贸易为多哥三大支柱产业。

加纳共和国（The Republic of Ghana）位于非洲西部、几内亚湾北岸，西邻科特迪瓦，北接布基纳法索，东毗多哥，南濒大西洋，海岸线长约562千米。沿海平原和西南部阿散蒂高原属热带雨林气候，沃尔特河谷和北部高原地区属热带草原气候。4月至9月为雨季，11月至翌年4月为旱季。面积23.85万平方千米，人口2 946.36万（2019年1月）。全国有四个主要民族：阿肯族（52.4%）、莫西-达戈姆巴族（15.8%）、埃维族（11.9%）和加-阿月格贝族（7.8%）。官方语言为英语，另有埃维语、芳蒂语和豪萨语等民族语言。居民69%信奉基督教，15.6%信奉伊斯兰教，8.5%信奉传统宗教。加纳实行总统制，总统为国家元首、政府首脑和武装部队总司令，任期四年，可连任一届；内阁由总统任命，议会会批准；议会需在通过法案并得到总统同意后方可行使制宪权；司法独立，有解释、执行和强制执行法律的权力。加纳经济以农业为主。矿产品、可可和木材为三大支柱产业。加纳自2010年起从低收入国家进入中等偏低收入国家行列。

科特迪瓦共和国（The Republic of Côte d'Ivoire）位于非洲西部几内亚湾畔，西与利比里亚和几内亚交界，北与马里和布基纳法索为邻，东与加纳相连，南濒几内亚湾。面积32.2万平方千米，人口2 490.58万（2019年1月）。官方语言为法语。全国有69个民族，分为四大族系：阿肯族约占42%，曼迪族约占27%，沃尔泰族系约占16%，克鲁族系约占15%。科特迪瓦实行共和制，行政、立法和司法三权分立。总统为国家元首，也是武装部队最高统帅，享有最高行政权力，由普选产生，任期五年，可连选连任一次。国民议会是国家最高立法机构，每届任期五年。农产品加工业是科特迪瓦的主要工业部门，其次是棉纺织业、炼油、化工、建材和木材加工业。近二十年随着石油储量的不断发现和开采，矿产能源业在工业领域所占的比重趋于增加。

二、石油工业基本情况

1. 油气资源量、储量、产量和供需情况

贝宁油气资源匮乏，贝宁政府正试图通过老油田二次开采和鼓励油气勘探来摆脱这一困难局面。据USGS 2013年评价数据，贝宁的油待发现资源量3 858万吨，气待发现资源量527亿立方米。据美国《油气杂志》数据，2016年，贝宁石油剩余探明储量109.6万吨，天然气剩余探明储量10.9亿立方米。据EIA数据，贝宁2016年石油消费量为220万吨。

据2012年USGS评价数据，多哥的油待发现资源量879万吨，气待发现资源量120亿立方米。据IHS数据，2016年，多哥石油剩余探明储量96万吨，天然气剩余探明储量0.4亿立方米。据EIA数据，多哥2015年石油消费量为70万吨。

据USGS评价数据，2012年加纳的油待发现资源量1 050万吨，气待发现资源量143亿立方米。据美国《油气杂志》数据，2016年，加纳石油剩余探明储量9 041万吨，天然气剩余探明储量218亿立方米。据《油气杂志》，加纳天然气产量505万吨。据EIA数据，加纳2015年石油消费量395万吨，天然气消费量6.5亿立方米。据CIA数据，加纳2013年原油出口499.5万吨，原油进口130万吨，天然气进口5.8亿立方米。

据USGS评价数据，2012年科特迪瓦的油待发现资源量2 158万吨，气待发现资源量295亿立方米。据《油气杂志》2017年数据，截至2016年年底，科特迪瓦石油剩余可采储量273亿吨，天然气剩余可采储量155万吨。据美国信息能源（EIA）数据，2015年，科特迪瓦石油消费量215万吨，天然气产量21亿立方米，天然气消费量20亿立方米。根据美国中央情报局（CIA）数据，科特迪瓦2013年原油进口为375万吨，原油出口量为176万吨。

2. 主要含油气盆地

贝宁油气勘探开发程度很低，迄今仅钻井19口井。主要原因是开采价值不高，经济效益不够理想。该国的地质条件和尼日利亚西部海域的地质条件类似，但是由于位于西非转化带的东端，陆棚很窄很陡，导致资源潜力具有较大不确定性。贝宁、多哥、加纳的主要含油气盆地有：贝宁盆地（Benin Embayment）和盐池盆地（Saltpond Basin）。

科特迪瓦的油气资源分布在科特迪瓦盆地（Côte d'Ivoire Basin），又名阿比让盆地（Abidjan Basin）、几内亚湾盆地。

科特迪瓦盆地，面积18.6万平方千米。盆地基底为前寒武系。盆地形成于晚侏罗世—早白垩世非洲与南美板块分离时期。基底之上经历了前裂谷期、裂谷期和后裂谷期三期盆地演化阶段。烃源岩主要为白垩系阿尔布阶油型烃源岩、塞诺曼阶—土伦阶厚页岩相页岩，以II型为主，次为III型；主要储层为阿普特阶厚度2 000米左右的河流相、湖相砂岩，阿尔布阶和塞诺曼阶—土伦阶的砂岩、碳酸盐岩等也是好的储层。上白垩统储层孔隙度平均为23%，深水浊积砂体是重要的储集体。盖层分布广泛，包括自下白垩统至新近系的各层系中的页岩、泥岩等。深水成藏组合为上白垩系自生自储由下生上储。成藏的主控因素为深水浊积扇、断层。生油门限为埋深1 800～3 000米。圈闭类型包括岩性圈闭和以断层、背斜为特征的构造圈闭。

该盆地1953年由法国公司开始陆上地球物理勘探，1956年开始由海上石油公司实施海上地震勘探，1957年开始陆上钻探，见天然气显示。1997年中石化实施超过2万千米的海上二维地震。三维地震完成于2005年。20世纪70～80年代先后发现了比利尔油田（1974年）、爱斯普尔油田（1979年）和福克斯特罗特（Foxtrot）气田（1981年）。盆地总的剩余可采储量为554兆吨（油当量）。

科特迪瓦盆地大致相当于USGS的几内亚湾盆地（约23.67万平方千米）的绝大部分。依据2016年USGS数据，几内亚湾盆地石油待发现资源量为40.71亿桶（5.55亿吨），天然气待发现资源量为344 610亿立方英尺（9 751.27亿立方米），天然气液待发现资源量为11.45亿桶（1.56亿吨）。2012年USGS资源评价结果为：石油待发现资源量40.71亿桶（5.55亿吨），天然气待发现资源量101 255亿立方英尺（2 865.17亿立方米），天然气液待发现资源量为6.32亿桶（0.86亿吨）。USGS 2016年评价结果与2012年相比，石油待发现资源量没有变化，天然气、天然气液待发现资源量大幅度增加。

3. 主要油气田

贝宁有四个油田，包括Fifa 1、Hihon 1、Seme North、Seme South油田，没有在产油田。多哥没有已开发油气田，无油气产量（图上无）。

多哥有两个油田，均为油气发现（图上无）。

加纳有32个油田，其中气田10个、油田22个、6个油气田是生产油田，其余为油气发现或评估中。

科特迪瓦主要油气田有42个，其中油田24个、气田18个、在产油气田8个、在评估油气田8个、1个油气田关闭，其余为油气发现。剩余可采储量大于1 000万吨的油气田主要有：Paon 1油田、Independance 1油田、Baobab油田、Saphir 1XB油田、福克斯套特（Foxtrot）气田、雄狮（Lion）气田、潘泽尔（Panthere）气田等。其中Baobab油田为在产油田，其余为在评估油田。

福克斯套特气田发现于1981年，被四条北西向断层（西南侧为下降盘）切割的短轴背斜圈闭，气藏顶部高点220米，下部有油环。油气界面2 400米，油水界面2 500米。储层为下白垩系阿尔布阶砂岩，平均孔隙度21%，渗透率平均15～20毫达西，最高达100毫达西。探明天然气储量260亿立方米。

4. 油气管道

贝宁油气工业发展落后，基础设施匮乏，油气管网极其有限。贝宁有天然气管线，长14.5千米，为运营状态。

多哥有天然气管线一条，长17.7千米，为运营状态。

加纳有天然气管线六条，石油管线七条，总长1 006千米，其中天然气管线长491千米，石油管线长515千米，四条管线在运营，两条管线计划中，两条管线建成测试中，一条在建，其余为问题工程或者关闭。加纳境内有西非天然气管道（WAGP）通过，该管道主要将尼日利亚天然气输往沿途国家供发电使用，其中90%供应给加纳。

科特迪瓦油气管网较为完善。国内生产的天然气主要用于当地炼化、发电站、和生产液化石油气。科特迪瓦是周边区域重要的电力输出国。科特迪瓦境内有11条石油管线，11条天然气管线，全长1 084千米，石油管线740千米，天然气管线344千米，在运营管线17条，计划建设管线五条，一条管线关闭，一条管线因工程问题中断。

5. 石油炼制和化工

贝宁无石油炼化工厂，石油产品主要依赖进口。多哥有一座炼油厂Lome，处于关闭状态。加纳有三座炼油厂，其一在运行为Tema炼油厂，其二延期，其三为问题工程。据《油气杂志》数据，2016年加纳原油加工能力为120万吨。科特迪瓦现有四座炼厂，其中两座在运营，一座待复，另一座是问题工程。据《油气杂志》数据，科特迪瓦2016年原油加工能力为225万吨。

三、投资环境

1. 管理体制

能源和矿产部是贝宁的油气资源管理机构，负责政策制定、规划、协调等，并对石油行业进行管理。

多哥矿产与能源部是油气工业的主管机构。

加纳油气工业的主管机构是能源部。能源部负责油气投资许可。石油委员会负责审核、评估申请，加纳国家石油公司GNPC参与审核和谈判起草石油协议。石油委员会的建议和协议草案经能源部通过后呈内阁审议。内阁同意后，合同可以执行，同时交送议会批准。

科特迪瓦矿产、石油和能源部为行业主管机构，国家石油委员会参与石油行业管理，国家石油公司（Petroci）拥有全部油气资源的开采权利，负责国内石油勘探开发，许可证授予，对外合作及作业的管理和监督。

2. 石油法律法规

贝宁石油工业主要适用法律是1973年的《石油法》。油气勘探开发采用产量分成协议，政府最多可占有15%的权益。

多哥适用的石油法律法规主要是《矿业法典》，油气勘探开发适用产量分成协议。

加纳的油气法律法规主要包括1980年《石油条例（修正案）法》、1983年《加纳国家石油公司法》、1984年《油气（勘探开发）法》及1997年《加纳政府、加纳国家石油公司和承包方标准石油协议》。

科特迪瓦石油工业的主要适用法律包括1996年颁布的《石油法》、2012年颁布的《投资法》。国家石油公司（Petroci）代表政府参与石油合同，目前实施产量分成合同。

3. 对外合作情况

国际石油公司与贝宁的油气合作极为有限。尼日利亚的Atlas Petroleum International石油公司拥有贝宁三个海上区块100%的权益，是持有区块面积最大的外国石油公司。壳牌和巴西国家石油公司（Petrobras）曾在2012年进入贝宁进行海洋勘探，但由于结果不理想，两家公司都已于2014年退出。中国石油公司没有与贝宁的油气合作项目。

中国石油公司获得多哥几内亚湾两个海上勘探区块100%的权益。中国石油公司没有参与多哥的油气勘探开发。

Tullow Oil和Kosmos Energy是加纳最活跃的独立石油公司。Kosmos Energy是朱比利油田的作业者。Tullow Oil在加纳的经营时间长达40年。埃尼、Anadarko、LUKOIL和Hess也在加纳有作业区块。当前中国的石油公司暂未开展与加纳上游的油气合作项目。中石化曾与加纳在天然气管道项目上有过合作。

活跃在科特迪瓦的石油公司包括埃克森美孚、埃尼、道达尔等大型一体化国际石油公司及Vitol、Anadarko、Ophir Energy等独立石油公司，此外African Petroleum Corp.和Atals Petroleum International也有作业区块。中国的石油公司暂未进入科特迪瓦。

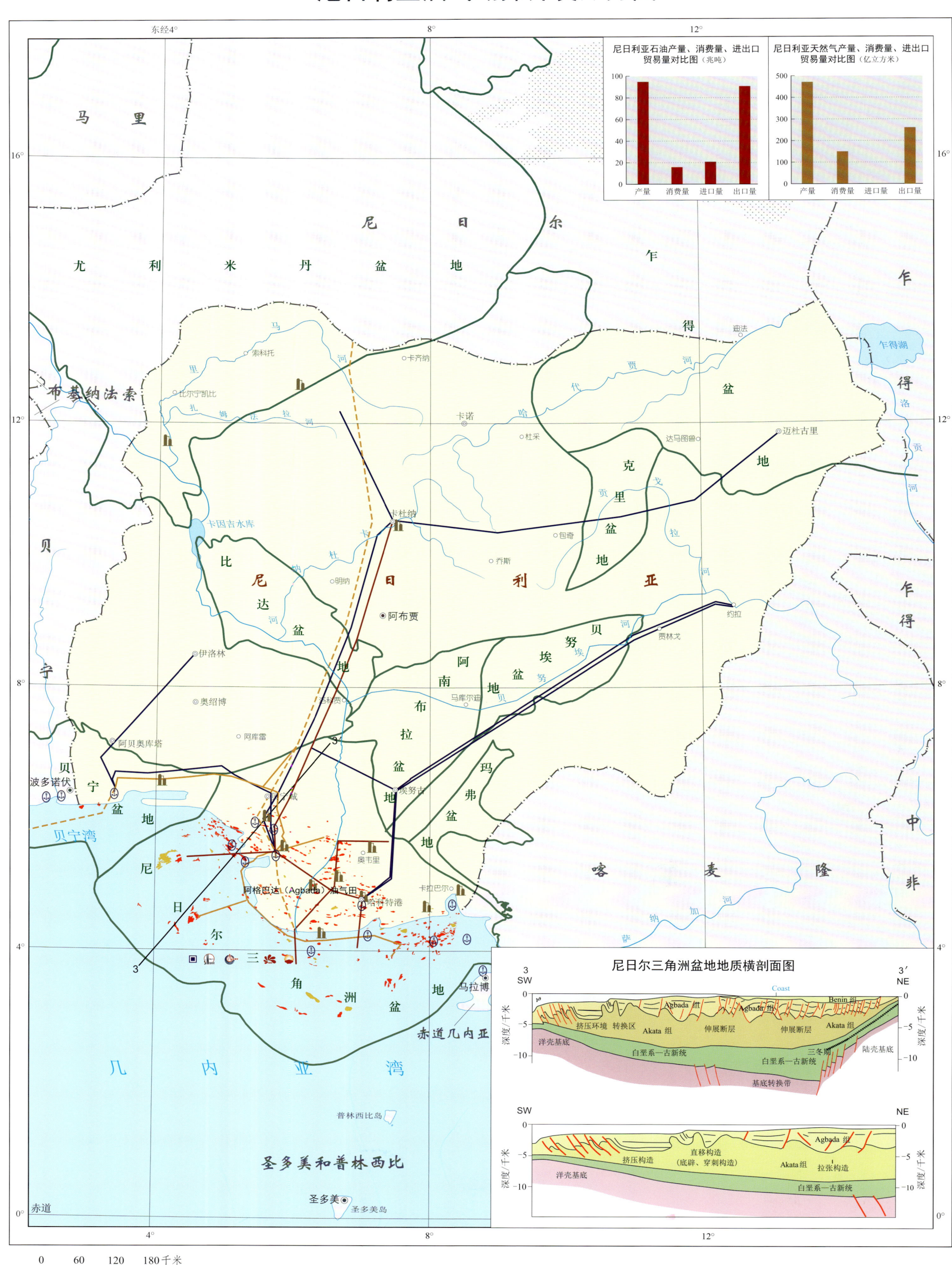

非洲各国油气勘探开发形势图

一、概况

尼日利亚全称尼日利亚联邦共和国（The Federal Republic of Nigeria），位于西非东南部，东邻喀麦隆，东北隔乍得湖与乍得相望，西接贝宁，北界尼日尔，南濒大西洋几内亚湾。边界线长约4035千米，海岸线长800千米。地势北高南低。面积923768平方千米。人口1.9588亿（2019年1月）。有250多个民族，其中最大的是北部的豪萨-富拉尼族（占全国人口29%）、西部的约鲁巴族（占21%）和东部的伊博族（占18%）。官方语言为英语。主要民族语言有豪萨语、约鲁巴语和伊博语。居民中50%信奉伊斯兰教，40%信奉基督教，10%信仰其他宗教。

尼日利亚独立以来制定过五部宪法，即1960年、1963年、1979年、1989年和1999年宪法（1989年宪法从未颁布）。现行宪法是以1979年宪法为基础修订而成，规定实行三权分立的政治体制，总统为最高行政长官。尼日利亚目前是非洲第一大经济体，石油工业系支柱产业，制造业发达，其他产业发展滞后。粮食不能自给，基础设施落后。

二、石油工业基本情况

1. 油气资源量、储量、产量和供需情况

尼日利亚油气资源丰富，是非洲最大的石油生产国。据USGS 2012年评价数据，尼日利亚的油待发现资源量7.25亿吨，气待发现资源量4976.57亿立方米。据2018年BP能源统计数据，截至2017年底尼日利亚石油剩余探明储量50.54亿吨，天然气剩余探明储量5.2万亿立方米；2017年尼日利亚原油产量9525.11万吨，天然气产量472.06亿立方米。据2018年中国石油经济技术研究院（中石油经研院）能源数据统计，2017年尼日利亚石油消费量1600万吨，天然气消费量151.1亿立方米；2017年尼日利亚原油出口9110万吨，其中35%出口到欧洲，30%出口到亚太，20%出口到北美，15%出口到南美；尼日利亚天然气出口262亿立方米。

2. 主要含油气盆地

尼日利亚的主要含油气盆地包括：尼日尔三角洲盆地（Niger Delta Basin）、贝宁盆地、贝努埃盆地、乍得盆地、阿南布拉盆地、克里盆地、比达盆地、玛弗盆地。尼日利亚油气盆地数目众多，位于几内亚湾和尼日利亚中南部地区的尼日尔三角洲盆地是目前油气产量最大、最重要的油气产地，面积7.5万平方千米，沉积厚度高达1万米，主要产出轻质原油。

尼日尔三角洲盆地处于西非大陆边缘与西北非大陆边缘转换断层带的结合部位。尼日尔三角洲在平面上呈厚楔角状，东西轴长约640km，南北轴宽540千米，总面积约210660平方千米，其中38%位于陆上、21%位于大陆架、41%处于深海区。约90%的面积属于尼日利亚，7.5%处于赤道几内亚，2.5%属于喀麦隆。

尼日尔三角洲盆地的基底由前寒武系的变质岩、火成岩和侏罗系火山岩组成。盆地自白垩纪至今一直连续接受沉积，盆地中心沉积层系最大厚度约12千米，地层包括白垩系、古近系和新近系。白垩系向深海变薄，最终消失于洋壳；古近系、新近系是在一系列海退覆旋回中发育起来的大型进积式三角洲沉积，形成于大陆，消失于洋壳之上。从早白垩世至今，盆地内沉积发育三个主要旋回，由三套大的沉积层序组成，自下而上为中生界前裂谷层序、上中生界—下新生界裂谷层序和新生界后裂谷被动大陆缘层序，新生界后裂谷被动陆缘层序沉积厚度最大，表明盆地沉积速率最高。盆地发育有古近系阿卡塔组（Akata）、阿格巴达组（Agbada）及中生代艾泽阿库组（Eze Aku）、阿格姆组（Awgu）等多套烃源岩，主要岩性为互层的砂岩、页岩。尼日尔三角洲盆地的油气藏属于构造油气藏，深水区滚动背斜对于成烃成藏具有决定性的控制作用。在富油气的深水区近东西向单个沉积带上，油藏类型主要受控于构造样式和圈闭类型，沉积带北侧的深大断裂和滚动背斜发育部位是主要的油气富集区。

尼日尔盆地勘探始于1908年，后因"二战"中断，20世纪50年代全面放开勘探，20世纪60年代勘探重点由陆上转向海上，90年代渐向深海。至2017年，全盆地[包括盆地的其他国家领土（海）部分]完成三维地震测量已达约15万平方千米，获得约110个油气发现，已探明石油可采储量95.5亿吨，天然气储量8万亿立方米，凝析油可采储量11亿吨。

USGS于2016年再次评价了尼日尔三角洲盆地（Niger Delta Basin），评价盆地面积约29.24万平方千米（含有喀麦隆领海的一部分）。盆地石油待发现资源量为155.34亿桶（21.19亿吨），天然气待发现资源量为582210亿立方英尺（16474.53亿立方米），天然气液待发现资源量为63.26亿桶（8.63亿吨）。2012年USGS的评价结果为石油待发现资源量155.34亿桶（21.19亿吨）、天然气待发现资源量为259183.20亿立方英尺（7333.99亿立方米）、天然气液待发现资源量为8.74亿桶（1.19亿吨）。两次评价结果相比，石油待发现资源量没有变化，天然气、天然气液待发现资源量大幅度增加。

3. 主要油气田

尼日利亚境内有753个油气田，其中油田593个、气田160个，评估油气田有74个，开发中油气田23个，生产中油田175个，347个为油气发现，等待开发许可的油气田两个。大部分油田规模较小，平均石油产量小于1万桶/天，规模较大的油田有Agbada、Akata、Bonga、Owowo、Agbami Ekoli、OML67、Akpo & Egina、Erha等。

阿格巴达（Agbada）油田是尼日尔三角洲盆地的典型油气田，位于哈科特港（Port Harcourt）北（0°）方位约35千米处的陆上。构造上其位于尼日尔三角洲盆地中央沼泽Ⅰ沉降带内，处于伸展断层构造带内。阿格巴达油田属于滚动背斜油气田，发育有56个储集段，最大储层砂体为D5.20砂体，该砂体赋存有2570万吨、油质API度为24的探明石油储量。D5.20砂体储层由一系列三角洲前缘的障壁沙坝和潮道—分流河道砂体组成，这些砂体又被海相页岩分割成次一级的储层单元，其中的次一级储层单元在全油田可以对比。油田天然开采能量可达地质储量的20%。20世纪70年代油田达到旺盛期，当时年产量近1600万吨，目前该油田年产量仍可维持在800万~1000万吨。

4. 油气管道

尼日利亚气管线总长16790千米，其中油管长9344千米，气管长7446千米。

尼日利亚南端的尼日尔三角洲，有3000千米的短石油管线，链接275个集油站，原油从集油站运输到各个港口。尼日利亚的天然气管网被分割为东部管网和西部管网，两者之间不能连接。尼日利亚国家石油公司（NNPC）正计划修建一条连接东西管网，长127千米的天然气管线。

5. 石油炼制和化工

尼日利亚有33（28）个炼油厂，其中四个在运营，分别为Ahaoda East、Port Harcourt II、Warri、Kaduna。据美国《油气杂志》数据，2016年尼日利亚原油加工能力是774.5万吨。

三、投资环境

1. 管理体制

尼日利亚石油行业的主管机构是石油资源部，控制和监管尼日利亚境内油气领域所有的上下游活动。20世纪70年代到90年代，NNPC通过与各大跨国石油公司成立合资企业参与协定运作，参股比例从55%到80%不等，从而实现政府对油气资源的管控。

2. 石油法律法规

尼日利亚主要的石油法律有：《石油利润法（1959年）》《石油法案（1969年）》《石油钻井和生产条例（1969年）》《石油管道法案（1965年）》《伴生气重注法案（1979年）》《外国石油公司理解备忘录（2000年）》《深水和内陆盆地产量分成合同法令（1999年）》《尼日利亚油气工业发展法案（2010年）》。尼日利亚目前采用的石油合同包括产量分成合同、矿税制合同、服务合同。

3. 对外合作情况

目前约有150余家石油公司活跃在尼日利亚油气领域。壳牌、雪佛龙、埃克森美孚、道达尔、埃尼等大型国际石油公司早在20世纪50年代就开始了在尼日利亚的油气勘探开发活动。

壳牌在尼日利亚的主要资产包括深水的Bonga油田（55%权益）和Erha油田（43.75%权益）。壳牌还是尼日利亚国内唯一在运营的Nigeria LNG项目的主要股东之一（25.6%权益）。埃克森美孚是尼日利亚权益油产量最大的国际石油公司，目前持有的油气资产全部是海上油气资产。道达尔在与NNPC的联合作业体中占有40%的权益，并且在与壳牌的联合作业体中持有10%的权益。道达尔还持有Nigeria LNG项目15%的权益。雪佛龙在尼日利亚的油气资产主要包括深水的Agbami油田和Usan油田，也是Escravos天然气项目的主要参与者。埃尼在尼日利亚的资产规模较小，主要通过与NNPC和壳牌的联合作业体开展油气勘探开发活动。埃尼在Bonga区块拥有12.5%的权益，Abo油田持有85%的权益。

在过去十年中，中国三大国家石油公司在尼日利亚资产布局的脚步加快。中石油在1996年左右进入尼日利亚市场，并成立BGP公司，主营业务为石油勘探。2006年5月19日，中石油获得尼日利亚拉各斯进行的小范围石油区块招标中的四个区块的勘探权，其中两个位于已产油的尼日尔三角洲地区，另外两个位于尚未勘探的乍得湖盆地。2006年初，中海油耗资22.7亿美元收购了尼日利亚的OML130海上区块45%的工作权益。同年，中海油还耗资6000万美元收购了尼日利亚OPL229石油合同35%的工作权益。随着2013年中海油对尼克森石油公司的收购完成，其在尼日利亚的资产规模进一步扩大。2012年，中石化以24.6亿美元收购了法国道达尔石油公司拥有的海上油田OML138区块20%的权益。

喀麦隆油气勘探开发形势图

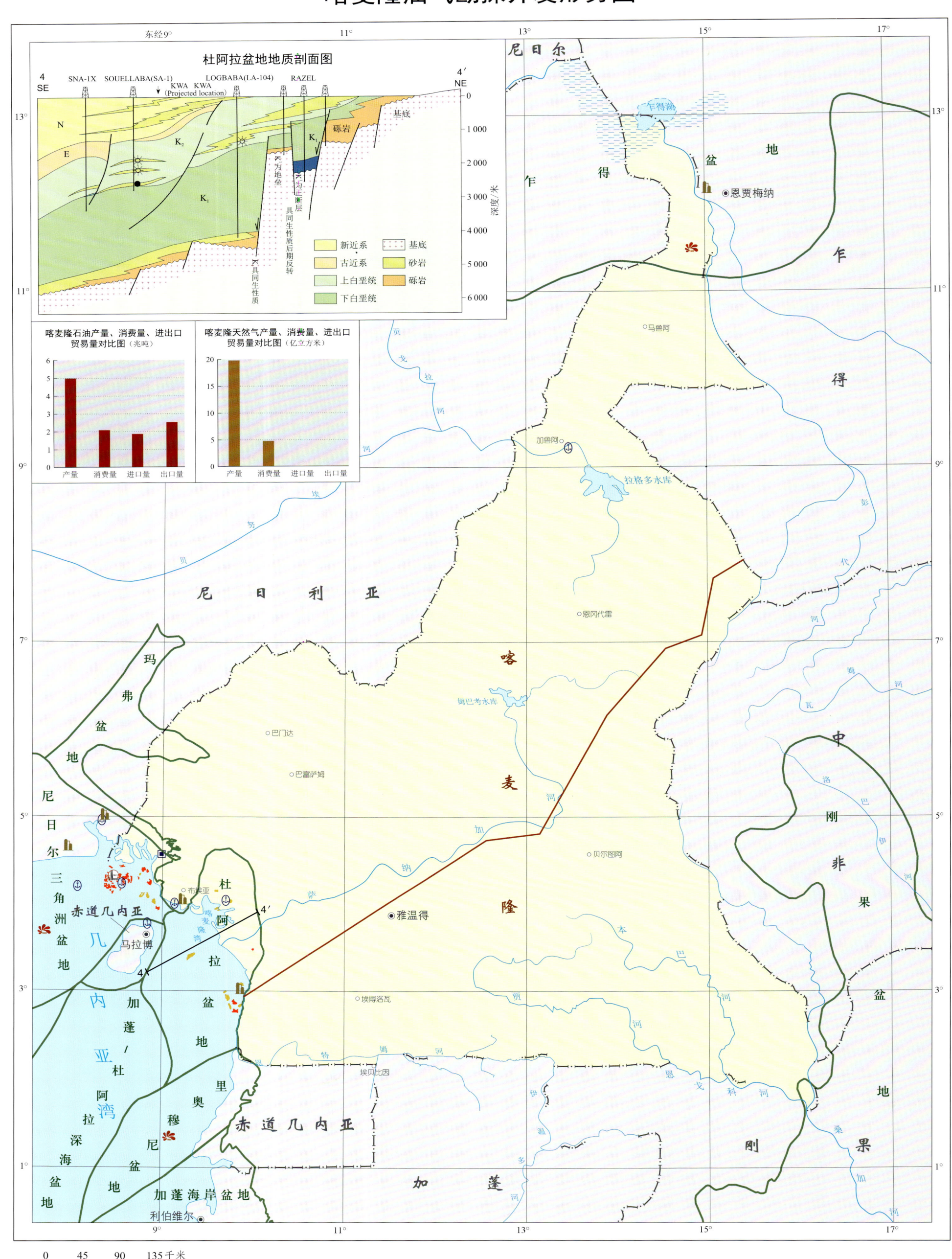

一、概况

喀麦隆共和国（The Republic of Cameroon）位于非洲中部，西濒几内亚湾、西邻尼日利亚，东北接乍得，东与中非、刚果（布）为邻，南与加蓬、赤道几内亚毗连。海岸基准线长360千米。西部沿海和南部地区为赤道雨林气候，北部属热带草原气候。年平均气温24～28℃。面积475 442平方千米。人口2 468万（2019年）。约有200多个民族，主要有富尔贝族、巴米累克族、赤道班图族（包括芳族和贝蒂族）、俾格米族、西北班图族（包括杜阿拉族）。法语和英语为官方语言。约有200种民族语言，但均无文字。40%人口信奉天主教和基督教新教，20%信奉伊斯兰教，40%信奉传统宗教。

宪法规定，共和国总统是国家元首和武装部队最高统帅，有权任免总理和政府成员，颁布法律和法令，宣布紧急状态，必要时可提前举行总统选举。总统通过直接选举产生，任期七年，可连选连任。喀麦隆地理位置和自然条件优越，资源丰富。已探明的主要矿藏有：铝矾土（储量为11亿吨以上，矾土品位为43%，硅石品位为3.4%）、铁矿（约34亿吨）、金红石（约300万吨，钛含量92%至95%）、铀矿（约2万吨）。此外还有锡石矿、黄金、钻石、钴、镍等，以及大理石、石灰石、云母等非金属矿产。农业和畜牧业为国民经济主要支柱，工业有一定基础。

二、石油工业基本情况

1. 油气资源量、储量、产量和供需情况

2012年USGS评价数据，喀麦隆的石油待发现资源量0.67亿吨，天然气待发现资源量338.53亿立方米。据美国《油气杂志》数据，2016年，喀麦隆石油剩余探明储量2 379.7万吨，石油产量500万吨，天然气剩余探明储量1 302.2亿立方米。据EIA数据，喀麦隆2014年天然气产量19.8亿立方米，2014年天然气消费量4.8亿立方米，2015年石油消费量210万吨。据CIA数据，喀麦隆2013年进口原油188万吨，出口原油254.2万吨。

2. 主要含油气盆地

喀麦隆境内及所辖海域的含油气盆地主要有尼日尔三角洲（Niger Delta）盆地、杜阿拉盆地（Douala Basin）。石油产量主要来自西部的尼日尔三角洲盆地，南部杜阿拉盆地石油产量占全国产量的比例不足五分之一。

杜阿拉盆地（Douala Basin）面积约1.9万平方千米，位于尼日尔三角洲盆地东南部，两盆地大致以北东走向的喀麦隆山脉相隔。杜阿拉盆地为一典型被动陆缘盆地。下白垩统穆德卡（Mudeck）组厚约800米，底部为河道、山前冲积扇等环境沉积的粗砂岩、砾岩交错互层，不整合覆盖于太古宇恩池姆群（Ntem Group）片麻岩、紫苏花岗岩等基底之上；穆德卡组主体为含砾石的粗长石砂岩夹褐煤质、沥青质页岩和杂色泥岩不完整韵律互层，沥青质页岩中含叶肢介及鱼化石，为河漫滩、河口三角洲等相沉积。上白垩统主要为海相沉积，出露于杜阿拉盆地附近的蒙戈（Mongo）河谷底部上白垩统塞诺曼阶砂岩厚约600米，其覆的上白垩统上部页岩、石灰岩及砂岩厚约800米。据洛格巴巴（Logbaba）附近四口井连井剖面，上白垩统盆地分布稳定，一般厚800～4 200米，是好的储层。古近系与白垩系连续沉积，古新统底部为陆相沉积，其上转入海侵环境发育了一套海相的始新统—渐新统厚约千米的泥质碳酸盐沉积，主要为灰质泥岩。白垩系、古近系、新近系等均发育有厚度不一的页岩、泥岩，是不同成藏组合好的盖层。

2016年USGS将喀麦隆的杜阿拉盆地（Douala Basin）纳入到刚果盆地（Congo Basin）的北部地区评价待发现资源量的，该北部区域还包括有Gabon盆地、Rio Muni盆地和Kribi-Campo Basins等评价单元。

3. 主要油气田

喀麦隆境内有97个油气田，其中油田65个，气田32个；在产油气田共18个。Benlida、Benita等油气田为目前杜阿拉盆地较大的油气田。

4. 油气管道

喀麦隆境内管线总长273千米，石油管线长246千米，天然气管线长27千米。乍得—喀麦隆管线（Chad—Cameroon Pipeline），长1 070千米，始于乍得的Kome油田内的Kome泵站，途中经过五个油气设施，最终到达喀麦隆的FSO Kome Kribi 1（浮式生产储存卸货装置），由Exxon Mobil公司运营。

5. 石油炼制和化工

喀麦隆有两个炼厂，其中一个在运营，为Cape Limboh炼厂，另一个在建，为Kribi炼厂。据《油气杂志》数据，2016年喀麦隆原油加工能力是325万吨。

三、投资环境

1. 管理体制

喀麦隆石油行业的主管部门是能源部，喀麦隆国家石油公司（SNH）代表政府参加石油合同，管理喀麦隆政府在石油领域的利益，控制当地原油生产和国内外销售。SNH在所有勘探开发合同中拥有非作业者权益，权益比例一般为20%～25%。SNH还可参股外国石油公司在喀麦隆子公司20%股份的权利。

2. 石油法律法规

喀麦隆现行的石油法律法规主要包括：1999年出台的《石油法》，2000年出台的《石油条例》。喀麦隆当前采用的石油合同是产量分成合同和矿税制合同，具体财税条款可磋商。

3. 对外合作情况

活跃在喀麦隆的外国石油公司主要以独立石油公司和中小型石油公司为主。法国独立石油公司Perenco拥有11个作业区块，是喀麦隆储量规模第二大的石油公司，运营着占喀麦隆石油产量一半以上Rio del Rey油田。2010年，Perenco收购了Total E&P Camerron和Mobil Producing Cameroon的全部资产。2011年，Addax石油公司收购壳牌在喀麦隆的资产，成为喀麦隆第二大原油生产商。New Age于2014年进入喀麦隆，是MLHP-7区块的作业者。Nobel取得了YoYo油气田发现，目前持有YoYo开采许可证。2011年以来，中国与喀麦隆的石油合作日益紧密。中石化以5.38亿美元收购了壳牌石油公司持有的Pecten石油喀麦隆公司80%的股权，Pecten石油公司在近海Rel del Rey盆地拥有12个生产和勘探区块。

加蓬、赤道几内亚、圣多美和普林西比油气勘探开发形势图

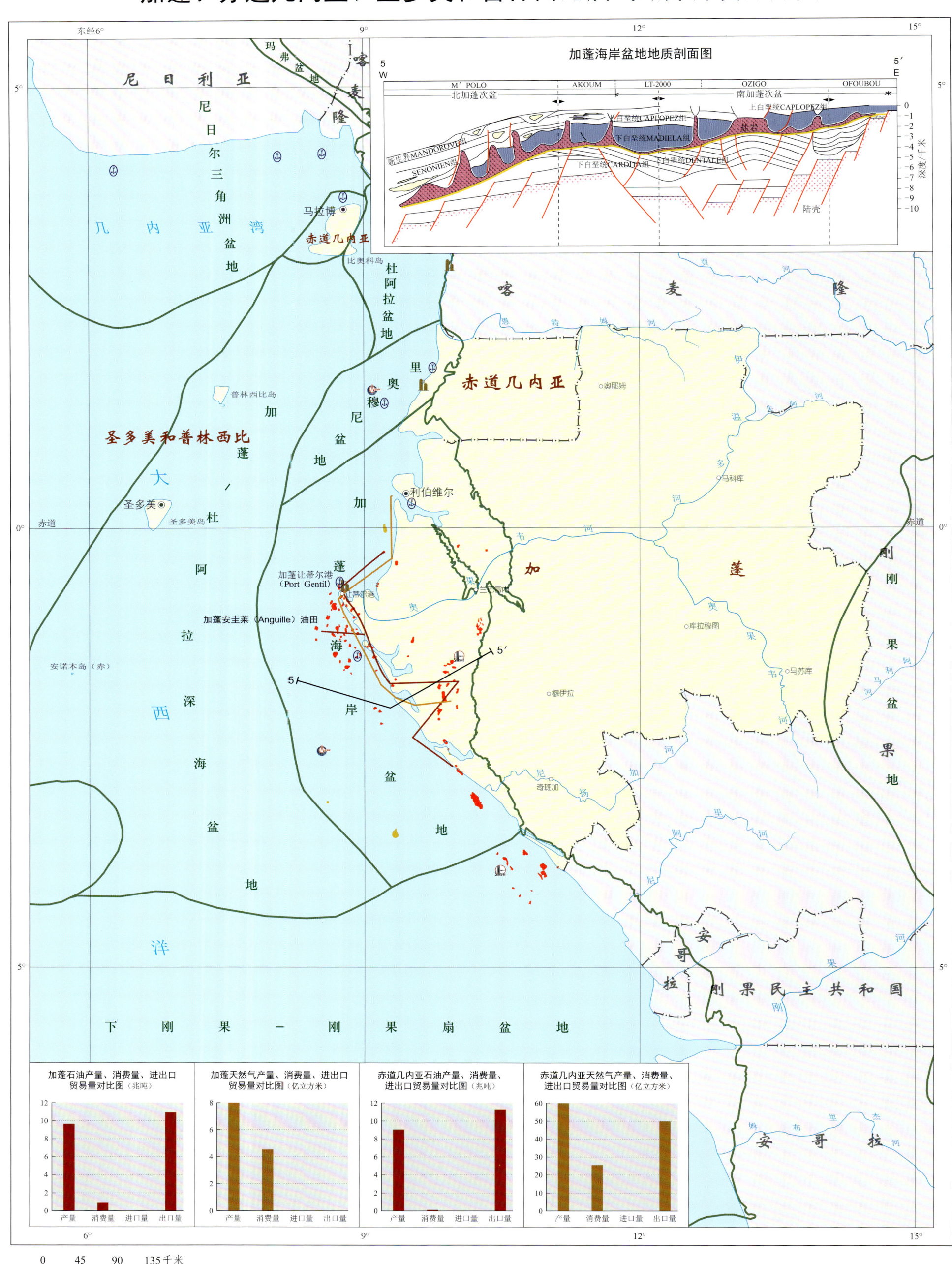

一、概况

加蓬共和国（The Gabonese Republic）位于非洲中部，跨越赤道，西濒大西洋，东、南与刚果（布）为邻，北与喀麦隆、赤道几内亚交界。海岸线长800千米。属典型的热带雨林气候，全年高温多雨，年平均气温26℃。面积26.8万平方千米，人口206.76万（2019年1月）。有40多个民族，主要有芳族（占全国人口40%）、巴蓬族（占22%）等。官方语言为法语。民族语言有芳语、米耶内语和巴太凯语。居民50%信奉天主教，20%信奉基督教新教，10%信奉伊斯兰教，其余信奉原始宗教。

加蓬宪法规定实行三权分立和多党制，总统为国家元首，任期七年，由一轮直选产生，可连选连任。因盛产石油，加蓬独立后经济一度发展迅速。以石油为主的采掘业发展较快，加蓬工业和农业基础薄弱。石油、锰、铀和木材曾为经济四大支柱。1985年人均国内生产总值达到3 177美元，2011年人均GDP曾高达10 716美元，2018年人均GDP为8 006.02美元。20世纪90年代末曾受亚洲金融危机和国际油价下跌的打击，经济恶化，1998~2001年出现负增长。近年来，加蓬政府积极实施经济多元化战略，着力发展农、林、渔业和旅游业，积极开发铁、锰、木材等非石油资源，鼓励发展中小企业，虽较2011年有所下降，但经济发展、恢复取得了一定成效。

赤道几内亚共和国（The Republic of Equatorial Guinea）位于非洲中西部，西临大西洋，北邻喀麦隆，东、南与加蓬接壤。海岸线长482千米。属热带雨林气候，年平均气温24~26℃。面积2.8万平方千米，人口131.79万（2019年1月）。主要民族有分布在大陆的芳族（占人口的85%）和居住在比奥科岛的布比族（占人口的6.5%）。官方语言为西班牙语，法语为第二官方语言，葡萄牙语为第三官方语言。民族语言主要为芳语和布比语。居民82%信奉天主教，15%信奉伊斯兰教。

宪法规定：赤道几内亚实行共和制，是一个独立、民主、统一的国家。立法、司法、行政三权分立。共和国总统为国家元首和政府首脑，经全民直接选举产生，任期七年，最多可连任一届。赤道几内亚独立后经济曾长期困难。1987年开始实施经济结构调整计划。1991年年开发石油后，经济出现转机。1997~2004年均经济增长率达31.9%，2012年人均国内生产总值突破2万美元，成为经济增长最快的非洲国家之一。近年，受国际油价下跌影响，赤道几内亚经济连续出现负增长。

圣多美和普林西比共和国（The Democratic Republic of Sao Tome and Principe），简称圣多美和普林西比，是距非洲西海岸201千米的岛国，东与加蓬隔海相望。由圣多美、普林西比等14个小岛组成，陆地面积1 001平方千米，人口20.4万。圣多美和普林西比是联合国公布的世界最不发达国家之一，90%的发展基金依靠外援。1999年美孚石油公司在圣普世纪石油公司签署联合开发区第一区块石油分成合同，圣多美和普林西比获得第一笔石油美元4 920万美元签约金。

二、石油工业基本情况

1. 油气资源量、储量、产量和供需情况

据USGS评价数据，2012年加蓬石油待发现资源量4.83亿吨，天然气待发现资源量2 137.36亿立方米。据2018年BP能源统计数据，截至2017年年底加蓬石油剩余探明储量2.74亿吨，2017年石油产量997万吨。据2018年中石油经研院能源数据统计，截至2017年年底天然气剩余探明储量283亿立方米，2017年天然气产量8亿立方米；2017年石油消费量90万吨，天然气消费量4.4亿立方米；2017年出口原油1 097万吨，其中一半出口到亚太，其余依次出口到欧洲、南美、非洲其他国家和北美。

赤道几内亚是撒哈拉南部非洲第三大产油国。据USGS评价数据，2012年赤道几内亚石油待发现资源量0.11亿吨，天然气待发现资源量45.87亿立方米。据2018年BP能源统计数据，2017年赤道几内亚石油剩余探明储量1亿吨，石油产量950万吨。据2018年中石油经研院能源数据统计，截至2017年年底赤道几内亚天然气剩余探明储量368亿立方米，2017年天然气产量60亿立方米；2017年石油消费量10万吨，天然气消费量25.6亿立方米；2017年原油出口量为1 132万吨。

2. 主要含油气盆地

加蓬和赤道几内亚境内及所辖海域的含油气盆地主要为下刚果-刚果扇盆地、加蓬海岸盆地及里奥穆尼盆地。

加蓬海岸盆地（Gabon Coastal Basin）陆上面积5.5万平方千米，海上面积7.5万平方千米。加蓬海岸盆地具有前寒武系结晶基底。石炭系、二叠系、三叠系、侏罗系形成于裂谷前，总厚度约600米。盆地盖层主要由白垩系、古近系、新近系组成，厚度约15 000米，其中白垩系可达6 000~10 000米。盆地沉积建造具明显的盐下层系、上白垩统阿普特阶200~300米展布稳定的膏盐层及盐上层系三分性，盐下层系发育三角洲相、河道相、湖相等陆相沉积旋回，其中下白垩统巴雷姆阶Melania组湖相页岩和下白垩统阿尔姆阶Kissenda组湖相页岩、泥岩等是重要的烃源岩。盐上层系海相沉积为主，主要以下白垩统三角洲相、近岸浊积砂体及不同时代深水区受坡折带和水下陡崖控制的浊积砂体等是重要的储集层。盐下储层砂岩孔隙度为20%~30%，油田内实测的盐下砂岩渗透率最高可达9达西。阿普特阶蒸发岩是良好的区域性油气藏盖层，此外，不同时代发育的盐岩、泥岩、页岩是重要的盖层。圈闭类型主要为构造圈闭、复合圈闭等。

裂谷系盐下陆相地层生油窗上限约为2 000~3 000米。生、排烃高峰期为晚白垩世土伦阶。海相烃源岩TOC=3%左右，生烃潜力（S2）大于10毫克/克，生烃指数可于400毫克/克，盐上层系总体为一海退沉积，土伦阶Azile组、Anguille海相页岩为主要源岩，层间页岩为盖层。盐上生烃门限为1 000~1 800米。盆地中新世发育陆上河道及三角洲相沉积。在构造上，盆地主要发育有NW-SE向构造枢纽带、NE-SW向转换断层两期构造，而形成盆地"东西分带、南北分块"的构造格局。已开发的油田包括拉比-康佳油田、安圭莱（Anguille）油田等近65个油气田。截至2017年年底，该盆地探明石油储量约3亿吨，探明天然气储量约1 350亿立方米，天然气剩余探明储量约1 300亿立方米。

USGS 2016年对加蓬海岸盆地的油气待发现资源量进行了再次评价，加蓬海岸盆地盐上、盐下评价单元（AU）的合计结果为：石油待发现资源量151.37亿桶（盐下75.89亿桶，盐上75.48亿桶；20.65亿吨，盐下10.35亿吨，盐上10.30亿吨），天然气待发现资源量349 610亿立方英尺（盐下187 540亿立方英尺，盐上162 070亿立方英尺，合计9 892.76亿立方米），天然气液待发现资源量13.52亿桶（盐下8.67亿桶，盐上4.85亿桶，合计1.85亿吨）。2012年相应单元（AU）评价结果为：石油待发现资源量22.59亿吨（盐下11.58亿吨，盐上11.01亿吨），天然气待发现资源量9 891亿立方米（盐下5 307.5亿立方米，盐上4 586.5亿立方米）。

USGS 2016年、2012年两个评价单元（AU）前后两次待发现资源量结果相比，2016年石油待发现资源量有所下降，减少了约2亿吨；天然气待发现资源量没有变化。

3. 主要油气田

加蓬境内有192个油气藏（田），其中油藏（田）172个，气藏（田）20个；在产油气田共57个。

安圭莱（Anguille）油田位于尚蒂尔港（Port Gentil）210°方位、平距30千米的海上浅水区。1962年开始勘探，1966年投产。油田为一轴向近南北向的背斜，中间轴部被雁行排列的断层分割为不同的构造高点。圈闭长近10千米，宽4千米，北部圈闭构造埋深2 280米，南部构造埋深2 330米（TVDSS）。烃源岩为盐上土伦阶Azile组，Anguille油田泥岩、页岩干酪根为Ⅰ、Ⅱ型，TOC=3%~5%，生烃潜力达10毫克/克；也包括盐下早白垩世巴雷姆期深湖滞留还原相的Kissenda组、Melania组页岩。储层为盐上土伦阶高度非均质性的Anguille组水下扇水道沉积、扇端和滑塌浊积砂，孔隙度21%~25%。油柱高度为350米，原油API为22，质优。圈闭类型为盐岩刺穿背斜。油田盐上控油的关键因素包括陡崖、砂体和盐岩等，盐下圈闭系统的控油因素为沉积相控烃和控储以及圈闭控油等。目前生产井数约80口。该油田原始石油地质储量9亿吨，石油可采储量3.7亿吨，天然气可采储量55亿立方米。

赤道几内亚境内有42个油气藏（田），其中油藏（田）23个，气藏（田）19个；在产油气田共1个。

4. 油气管道

加蓬境内管线总长2 496千米，油管线长1 662千米，气管线长834千米。加蓬没有跨境油气管线。加蓬主要采取港口装运、浮动储存设备等方式运输油气，有两个石油出口港和四个浮动储存和卸载终端。

赤道几内亚境内管线总长323千米，油管线长157千米，气管线长166千米。赤道几内亚的油气基础设施较为薄弱，原油主要采取沉船浮筒或者油轮运输。天然气主要通过长31千米的Alba管道进行运输。

5. 石油炼制和化工

加蓬有两个炼厂，其中一个在运营，为Port Gentil炼厂；一个设计中，为Port Gentil（Samsung）炼厂。据《油气杂志》数据，2016年加蓬原油加工能力是72.8万吨。

赤道几内亚有一个炼油厂为Mbini，在建。

三、投资环境

1. 管理体制

加蓬石油工业的管理部门是矿产、能源及石油部。油气委员会负责对上游领域的日常监管。2011年，加蓬成立加蓬国家石油公司（GOC），参与到上下游领域的合作。

赤道几内亚矿业和能源部是石油行业的主管部门。2001年成立国家石油公司GEPetrol，代表国家参与油气项目。

2. 石油法律法规

加蓬石油工业的主要适用法律包括1962年的《矿产资源法》、1972年的《石油资源条例》、1973年的《石油资源法规》和1998年颁布的《石油财富法》。加蓬老油田（1977年以前）采用的石油合同是矿税制合同，当前主要采用产量分成合同。对任何PSC石油合同，加蓬政府占有20%固定比例的权益，GOC可获得15%的权益。

赤道几内亚主要的石油法律是2006年《油气法》和2013年的《石油部规定》。石油合同采用产量分成协议，大部分条款可以协商。

3. 对外合作情况

加蓬的石油开采以西方石油公司为主导。法国独立石油公司Perenco是加蓬最大的石油生产商，也是唯一在加蓬实现天然气商业开采的石油公司，旗下资产包括陆上成熟油田和深水油田。道达尔在出售其陆上资产后退出加蓬，但其仍将持有保留在加蓬的勘探区块Total Gabon 58%的股份。壳牌在出售Shell Gabon 75%的股份后，将仅保留本加蓬勘探区块。法国巴黎银行Maurel et Prom拥有Ezanga油田80%的权益。2016年印尼国家石油公司Pertamina从Pacifico能源集团收购了Maurel et Prom 25%的股份，从而进入加蓬。其他外国石油公司还包括Repsol、Petronas、Marathon等。中石化全资子公司Addax在加蓬开展了较为深入的油气合作，2017年产量规模在外国石油公司中排第五位。2012年中海油与壳牌公司在加蓬展开了深海区块的油气合作，2014年中海油宣布在Leop-ard构造带获得大型深水天然气发现，中海油拥有该发现的25%的权益。

在赤道几内亚从事油气勘探活动的石油公司以北美石油公司居多。Marathon石油公司是产量规模最大的外国石油公司，拥有Alba油田63.26%的股份，Alba LPG项目52.2%的股份，EG LNG 60%的股份。产量规模排在第二和第三的石油公司是Noble Energy和埃克森美孚石油公司。Noble能源是O区块、I区块、海上EG区块的作业者，并持有Alba油田33.74%的权益。埃克森美孚是唯一在赤道几内亚进行勘探作业的国际大型石油公司，拥有Zafiro油田71.25%的权益。2017年埃克森美孚获得EG-11勘探区块的许可证。其他在赤道几内亚从事油气勘探开发的石油公司还包括：Ophir Energy、Atlas Petroleum International、Glencore、Hess、Murphy Oil and Gas、PanAtlantic Energy等。2006年中海油进入赤道几内亚，目前在S区块进行勘探作业。

刚果（布）油气勘探开发形势图

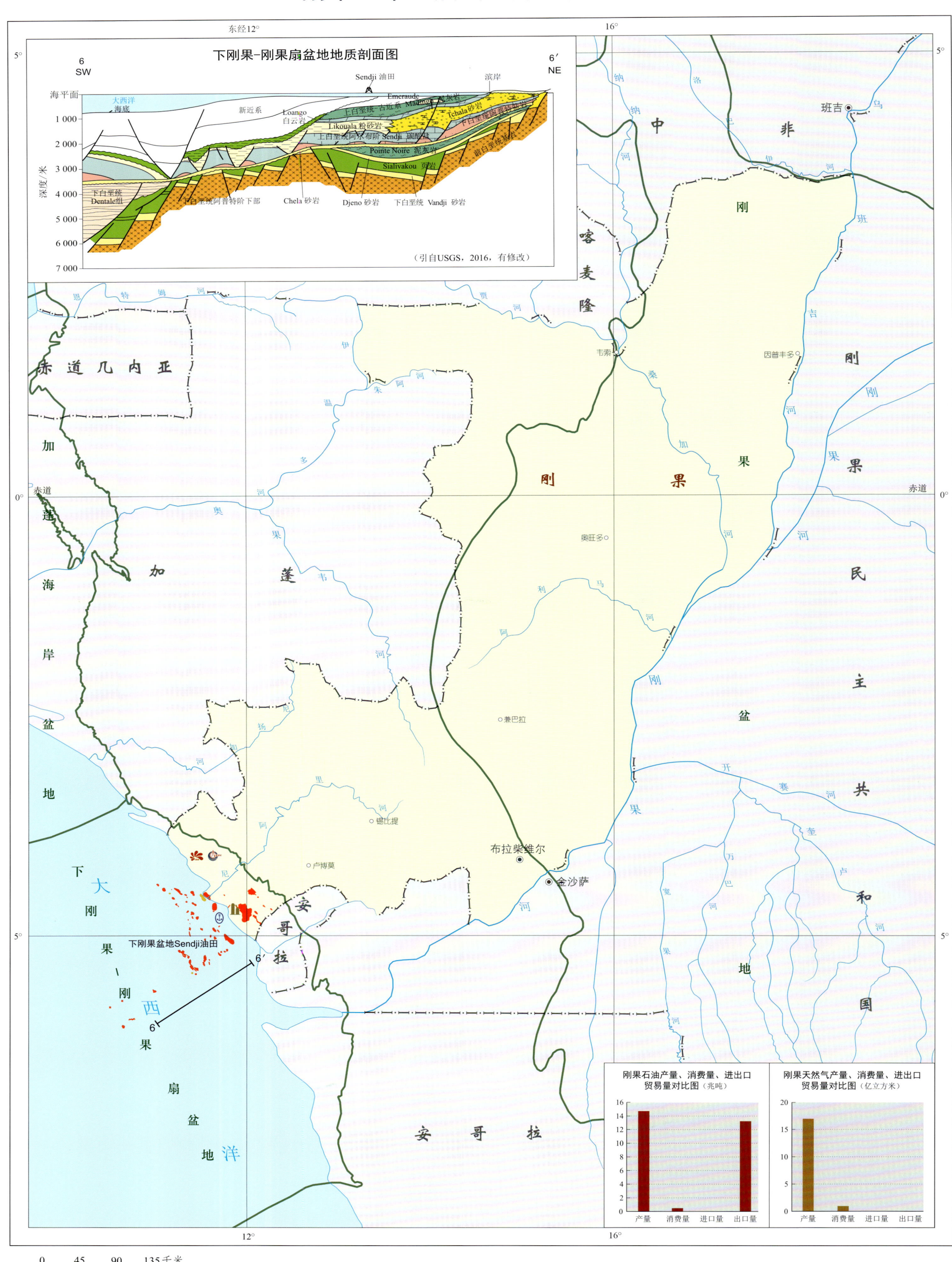

一、概况

刚果共和国（The Republic of Congo）简称刚果（布），位于非洲中西部，赤道横贯中部。东、南两面邻刚果（金）、安哥拉，北接中非、喀麦隆，西连加蓬，西南临大西洋，海岸线长150多千米。南部属热带草原气候，中部、北部为热带雨林气候，气温高，湿度大。年平均气温在24～28℃，面积34.2万平方千米，人口539.99万（2019年1月）。全国有56个民族，属班图语系，最大的民族是南方的刚果族，约占总人口的45%，北方的姆博希族占16%，中部太凯族占20%。官方语言为法语。民族语言南方为刚果语、莫努库图巴语，北方为林加拉语。全国居民中一半以上信奉原始宗教，26%信奉天主教，10%信奉基督教，3%信奉伊斯兰教。

刚果（布）宪法规定共和国总统为国家元首和军队最高统帅，主持部长会议；总理为政府首脑，由总统任命；总统由选民直接选举产生，30岁以上均可参选，任期五年，可连选连任两次；议会由国民议会和参议院组成，总统与议员共同拥有立法创议权；总统不得解散议会，议会也不得罢免总统。石油和木材出口为刚果（布）两大经济支柱。20世纪80年代初因大规模开采石油，经济迅速发展，人均国内生产总值一度达1200美元，进入非洲中等收入国家行列。2014年下半年以来，受国际油价大幅下跌影响，刚果（布）财政收入大幅减少，外债规模扩大，2015年经济增长率下降为1.7%，2017年为0.5%。2016年年初，制定"走向发展战略"，提出包括支持创办农业企业、促进生产要素投入、对自然资源进行深加工等举措，从而实现经济多样化、减少贫困、创造就业岗位等目的。

二、石油工业基本情况

1. 油气资源量、储量、产量和供需情况

刚果（布）石油、天然气资源较为丰富。据USGS 2012年评价数据，刚果的石油待发现资源量0.18亿吨，天然气待发现资源量83.19亿立方米。据2018年BP能源统计数据，截至2017年年底刚果（布）石油剩余探明储量2.1亿吨，2017年石油产量1469万吨。据2018年中石油经研院能源数据统计，截至2017年年底刚果（布）天然气剩余探明储量907亿立方米，2017年天然气产量17亿立方米；2017年石油消费量50万吨，天然气消费量1.1亿立方米；2017年原油出口量为1319万吨。

2. 主要含油气盆地

刚果（布）境内的含油气盆地主要为下刚果-刚果扇盆地，该盆地陆上部分常被称为下刚果盆地，海域部分又称刚果扇盆地。

下刚果-刚果扇盆地属沿赤道几内亚、加蓬、刚果（布）、刚果（金）和安哥拉卡宾达省等国（地区）海岸分布，主要位于海上，面积59万平方千米。盆地长轴呈NNW-SSE走向，大体与3000米海水水深线一致。该盆地为一大陆裂谷和被动陆缘的叠合盆地，经过了裂谷阶段、过渡阶段和被动大陆边缘阶段等多阶段演化，形成多套生-储-盖配置。自晚侏罗世非洲板块与南美板块初始拉裂时发育一系列NW-SE向克拉通内裂谷、断陷盆地，早白垩世巴雷姆期再次发育深大断陷，发育的裂谷沥青泥岩是好的烃源岩；所发育的则是浊积岩是良好的储层，浅滩相酸盐岩、细碎屑岩也是好的储层。巴雷姆期-阿普特期盆地进入准平原化阶段，早期形成倾斜断块，再次发育良好的碎屑岩储层；中期局部形成湖相页岩；其晚期所形成的石膏层、盐岩等蒸发岩是良好的盖层。此后盐岩在重力作用下向新生的大西洋深水处下滑并形成巨厚的盐堆积。新近纪时古刚果河复活，形成了巨厚的盆地内搬运沉积，发育的河道砂岩、湖相页岩为上部油气系统的盖层。截至2017年，盆地已发现油气藏约370个，三个在陆上，其余在海上；其中古近系、新近系油气发现占盆地发现的64%。盆地油气潜力巨大，借助于良好的海运条件，盆地油气勘探开发已成为相关国家经济腾飞的支柱。

2016年，USGS对于盆地油气待发现资源量进行了再次评价，该盆地碳酸盐台地、盆地中部油积岩两个评价单元的评价结果为：石油待发现资源量128.84亿桶（17.58亿吨），天然气待发现资源量181 800亿立方英尺（5 144.31亿立方米），天然气液待发现资源量9.18亿桶（1.25亿吨）。2012年USGS对于该两个评价单元的相应评价结果为：石油待发现资源量18.91亿吨，天然气待发现资源量5 145.20亿立方米。两次评价结果相比，石油待发现资源量有所减少，天然气待发现资源量没有变化（细微差别仅反映计算误差）。

3. 主要油气田

刚果（布）境内目前发现有95个油气藏（田），其中油藏（田）88个，气藏（田）7个；在产油气田共15个。

其中，首个油田印第安角（Pointe Indienne）油田发现于1951年，其他著名油气田包括Emeraude油田（1969年）、Takufa油田（1971年）、Sendji油田（1982年）、NKossa油田（1983年）、Kitina油田（1991年）、Girassol油气田（1996年）等。Sendji油田位于刚果（布）黑角（Point Noire）市195°方位，相距约45千米。油田于1982年正式投产，驱油机制为底水，注水法开采。Sendji油田为典型的盐上油气藏组合。源岩为盐下的下白垩统巴雷姆阶Point Noire组富有机质黑色湖相含白云石页岩，TOC=1%～5%，干酪根为Ⅰ、Ⅱ型。储层为下白垩统阿尔布阶Sendji组碎屑岩，储层总厚度约500米，砂岩储层孔隙度平均25%，白云岩储层孔隙度为19%～24%。盖层为Sendji组上部的潮坪相、潟湖相页岩、白云岩。大部分储层均具有单独相配置的盖层。排烃时间自早白垩世末的阿尔布期开始直到新近纪。原油API度为23.3～29.5。海床埋深1 200米层地层压力为1 850psi，地层压力梯度为1.61psi/m。生产井间距平均680米，圈闭类型为盐丘劈裂构造形成的穿隆背斜圈闭。油田原始地质储量14.32亿吨，最终可采储量约3.1亿吨，原油采出程度22%，开采潜力仍然巨大。

4. 油气管道

刚果（布）油气管线多位于海上，管线总长1 324千米，油管线长1 050千米，气管线长274千米。刚果出口原油主要通过Djeno码头运输。

5. 石油炼制和化工

刚果（布）有一个炼厂为Pointe-Noire，在运营。其原油炼化能力21 000桶/天（2 864.94吨/天）。据《油气杂志》数据，2016年刚果原油加工能力为185万吨。

三、投资环境

1. 管理体制

刚果（布）石油天然气部负责管理油气开发事务。日常许可管理工作由国家石油公司（SNPC）负责。1994年后刚果（布）主要采用产量分成合同。

2. 石油法律法规

刚果（布）的油气法律法规包括1982年《矿产法》和1994年《油气法》。

3. 对外合作情况

目前共有29家石油公司在刚果（布）开展油气开采业务。道达尔和埃尼石油公司是刚果（布）油气产量最大的石油公司，产量之和占全国产量的60%。道达尔的权益油田数量多达40个，全部是海上油田，预计油气储量4.5亿桶（6 139.15万吨）。近期的重点投资目标是深水Haute Mer Zone D区块的Moho Nord和Mobim Nord油田，两者分别在2015年年底和2017年年初开始商业开采。埃尼在55个油田拥有权益，资产类型涵盖陆上、浅水和深水，预计储量3.83亿桶（5 293.32万吨）。其核心资产包括西非第四大陆上油田——M' Boundi油田和Marine XII区块[油气地质储量58亿桶（7.91亿吨）油当量]。其他活跃在刚果（布）上游领域的石油公司还包括Perenco、雪佛龙等。中海油在刚果（布）拥有深水Haute MerA勘探区块的45%的权益；中石化国际公司多年来也积极参与了下刚果盆地的油气勘探开发业务。

安哥拉油气勘探开发形势图

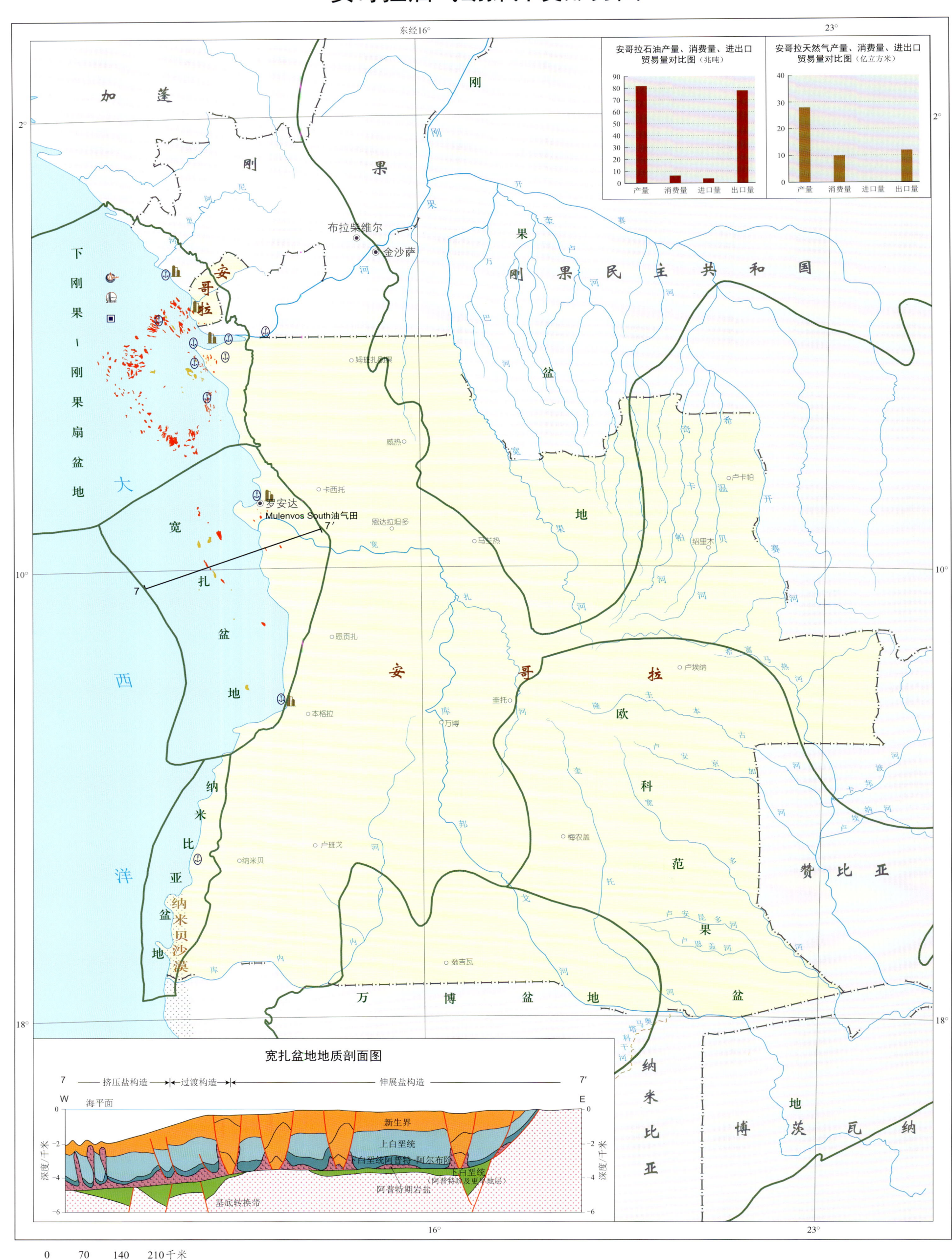

非洲各国油气勘探开发形势图

一、概况

安哥拉共和国（The Republic of Angola）位于非洲大陆西海岸，非洲西南部，南纬5°～18°，东经11°～24°，北面是刚果（金），东与赞比亚接壤，南邻纳米比亚，东北部与刚果（布）毗连，西面濒临大西洋。面积124.6万平方千米，人口3 077.42万（2019年1月）。官方语言为葡萄牙语。主要民族语言有：温本杜语、金本杜语、基孔戈（刚果）语等。居民49%信奉罗马天主教。

安哥拉宪法规定总统为国家元首、政府首脑和武装部队最高统帅，总统若泽·爱德华多·多斯桑托斯（José Eduardo dos Santos），1979年9月就任至今。安哥拉经济以农业与矿产为主，炼油工业、食品加工、造纸、水泥和纺织等工业也比较成熟。安哥拉北部等大部分地区属热带草原气候，南部属亚热带气候，高海拔地区则为温带气候。全年分旱、雨两季，5～9月为旱季，平均气温24℃。

二、石油工业基本情况

1. 油气资源量、储量、产量和供需情况

安哥拉是非洲撒哈拉以南的第二大产油国，油气资源丰富。

据USGS 2012年评价数据，安哥拉的油待发现资源量为3.6亿吨，气待发现资源量843.7亿立方米。据2018年BP能源统计数据，截至2017年年底安哥拉石油剩余可采储量为12.85亿吨，2017年安哥拉原油产量8 183万吨。据中石油经济研究院2018年数据统计，截至2017年年底安哥拉天然气剩余可采储量为2 748亿立方米，天然气产量28亿立方米。

据中石油经济研究院2018年数据统计，2017年安哥拉石油消费量630万吨，天然气消费量10亿立方米；2017年安哥拉原油出口7 786万吨，其中70%出口到亚太地区，其余依次出口到非洲其他国家、欧洲、北美、南美；安哥拉2017年天然气出口12亿立方米。安哥拉除少量原油满足国内炼厂需求外，其他原油都出口至美国、中国等国家。从2009年开始，安哥拉成为中国第二大石油进口来源国。

2. 主要含油气盆地

安哥拉的主要含油气盆地包括宽扎盆地（Kwanza Basin）、下刚果-刚果扇盆地和纳米比亚盆地的一部分。

宽扎盆地面积30.1万平方千米，其中海上面积26.3平方千米。该盆地北以安布里泽特（Ambrizete）高地与下刚果-刚果扇盆地盆地相隔，南与纳米比亚盆地相邻，东部为陆上出露的寒武系基底。晚侏罗世非洲、南美两板块的裂开导致宽扎盆地的生成。盆地晚侏罗世至早白垩世阿普特期沉积了陆相硅质碎屑岩并伴有强烈的酸性、基性火山活动，其中的贝里阿斯期—欧特里夫期发育有偶见煤层偶含植物化石的红色碎屑岩，阿普特中期经历了短暂的剥蚀、准平原化等，阿普特晚期至阿尔布期南大西洋快速拉张发育裂谷，发育了巨厚的盐岩、石膏等蒸发岩，蒸发岩中央有多层展布稳定的碳酸盐岩夹层。随着南大西洋的持续拉张，塞诺曼期巨厚沉积导致盐岩负载不均而发生蠕动，巨厚的盐岩堆积失稳向大西洋洋中脊方向滑动形成特殊的盐沉降构造，在海底地貌上形成宽扎盆地最为标志的张裂地堑。此类地堑被巨厚的下中新统沉积充填，进而继续加速盐堆积下滑。盆地烃源岩为下白垩统底部的河湖相沥青质黑色页岩、沥青质白云岩和阿普特海侵页岩。储层为阿尔布阶Binga组裂缝极为发育的碳酸盐岩，局部圣通阶—马斯特里赫特阶的浊积砂岩、三角洲碎屑岩也是好的储层。盖层为阿普特阶、阿尔布阶中的盐岩。在宽扎浅海，巨厚的盐岩广泛发育有盐窗，因而盐下烃源岩也可充注盐上圈闭。盐后构造油气成藏占总储量的95%，其中碳酸盐岩已发现储量占45%，砂岩、泥岩等碎屑岩发现储量约占4%，古近系、新近系硅质碎屑岩占46%。盐上圈闭的形成取决于两大因素，其一受盐岩的蠕动、流动如挤压、伸展等控制；其二是滑脱断层、盐枕、盐筏-地堑复合体等构造。盐下圈闭受控于冈瓦纳大陆裂谷期的掀斜地块、滚动背斜、断块披覆背斜等。盐上油气成藏的主控因素为储层物性、充注和圈闭。宽扎盆地油气资源潜力巨大，除盐上圈闭之外，盐下构造圈闭、岩性圈闭等也是未来重点勘探目标。

2016年USGS对西非地区等油气待发现资源量予以评价。本图集的宽扎盆地大致相当于USGS的宽扎盆地（Kwanza Basin，USGS亦称之为宽扎复合油气系统），其为面积83.86万平方千米的西非海岸盆地（West-Central Coastal Province）的一小部分。2016年USGS对宽扎复合油气系统中的宽扎-纳米比评价单元（Kwanza-Namibe AU）的评价结果为：石油待发现资源量497.36亿桶（67.85亿吨），天然气待发现资源量757 900亿立方英尺（21 445.95亿立方米），天然气液待发现资源量28.77亿桶（3.93亿吨）。2012年USGS对宽扎复合油气系统中的宽扎-纳米比评价单元（Kwanza-Namibe AU）的评价结果为：石油待发现资源量30.58亿吨，天然气待发现资源量6 409.70亿立方米。2016年的评价结果较2012年，该单元（AU）石油待发现资源量增加一倍多，天然气增加数倍。

3. 主要油气田

安哥拉境内有313个油气藏（田），其中油（田）273个，气藏（田）40个；评估油气田有77个，开发中油气田14个，生产中油气田84个，88个为油气藏发现，等待开发许可的油气田7个，其余油气田暂时关闭。

Mulenvos South油气田位于宽扎盆地陆上的宽扎河入海口附近。油气成藏条件优越，生-储-盖配置佳。该油田发现于1966年，属于盐上成藏系统。圈闭类型为与盐岩有关的龟背斜。烃源岩为阿普特阶Binga组黑色页岩，产层为主要为阿尔布阶Catumbela组碳酸盐岩，其次为Binga组碳酸盐岩。产层顶部位于当地海拔1 830米之下。Catumbela组原油API度为22，初始油藏压力2 975psi，油藏温度116℃，饱和压力1 327psi。油气田采收率平均21%。该油田Catumbela组原油地质储量为31亿吨，可采储量5.3亿吨。

4. 油气管道

安哥拉境内管线总长2 780千米，油管线长1 493千米，气管线长1 287千米。安哥拉的油气运输管线主要分布在西北部，在近海的安哥拉陆架和卡宾达（Cabinda）深水区生产的原油一般直接由游轮装运出口，其他由卡宾达浅水区生产的原油则通过油气管线运输至马隆格（Malongo）的内陆港。

5. 石油炼制和化工

安哥拉有四个炼油厂，其中一个在运营，为Luanda炼厂，一个在建，为Lobito炼厂，设计炼化能力2.7万吨/天。据《OPEC能源统计2017》，安哥拉2016年原油加工能力为325万吨。安哥拉液化天然气厂2013年建成，位于安哥拉北部Soyo以西，设计初始产能为520吨/年。该液化天然气厂建成后问题不断，目前仍处于停产状态。

三、投资环境

1. 管理体制

安哥拉国家油气战略、政策、重大投资决策均由总统多斯桑托斯直接下达给安哥拉国家石油公司（Sonangol），安哥拉国家石油公司是国内唯一的石油公司，现任总裁是总统多斯桑托斯的妹妹。安哥拉国会、石油部、环保部、人力资源部、财务部在行业管理的话语权有限。

2. 石油法律法规

安哥拉石油工业的主要适用法律包括《私人投资基本法》《私人投资促进法》《私人投资税收和关税鼓励法》及2004年通过的《石油法》。油气勘探开发的合同模式包括矿税制、产量分成合同、风险服务合同。

3. 对外合作情况

在安哥拉投资经营的国际石油公司主要有：道达尔、雪佛龙、埃索、BP、埃尼、巴西石油公司等。

2006年，中石化与安哥拉国际国家石油公司合资组建中石化-安哥拉石油国际公司。此外，中石化还通过此公司获得第15、17、18区块各20%、27.5%、40%的权益。2009年中海油、中石化合作收购马拉松石油公司在安哥拉第32区块20%的权益，收购金额为13亿美元。

阿尔及利亚、摩洛哥油气勘探开发形势图

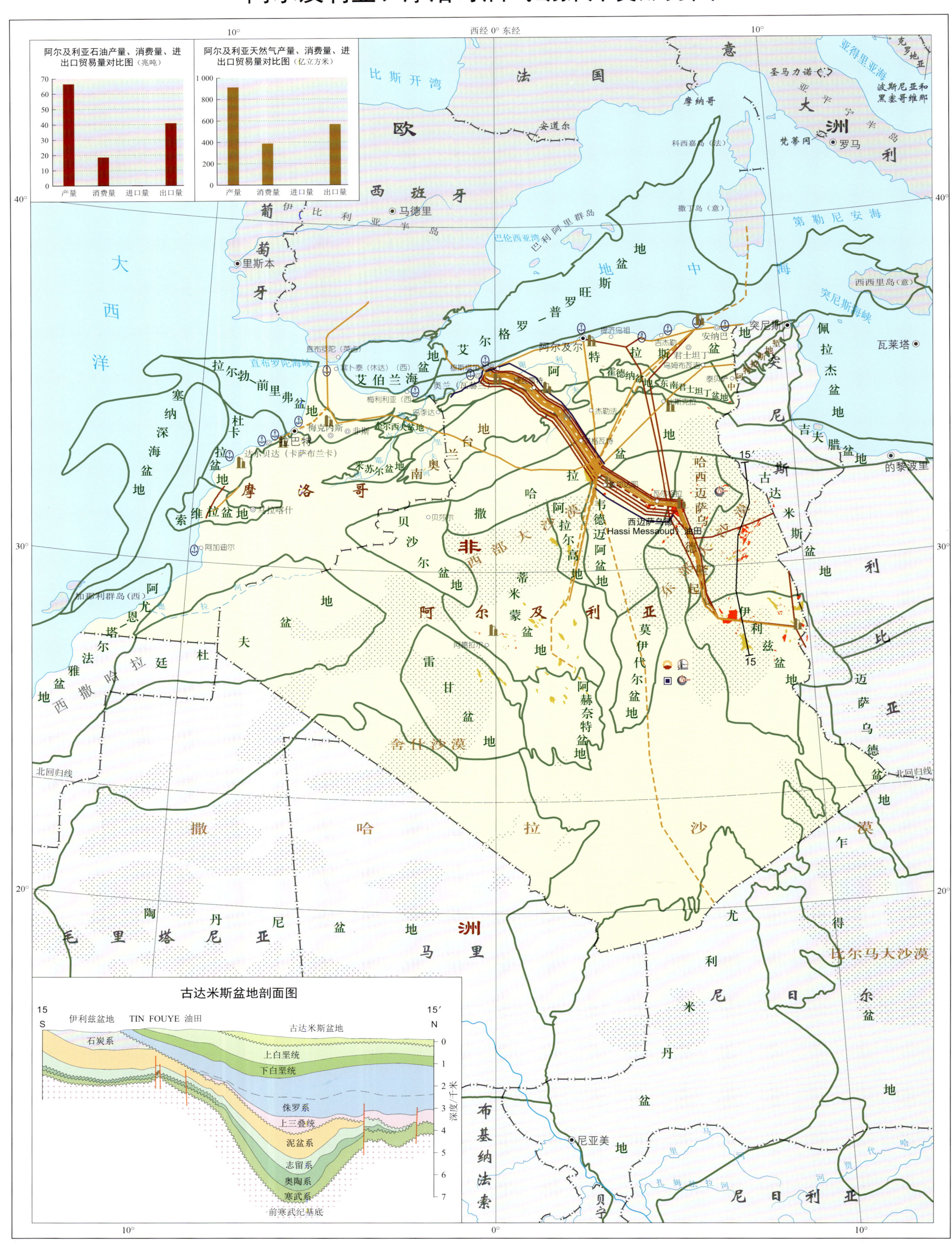

非洲各国油气勘探开发形势图

一、概况

阿尔及利亚，全称阿尔及利亚民主人民共和国（The People's Democratic Republic of Algeria），位于非洲西北部。北临地中海，东临突尼斯、利比亚，南与尼日尔、马里、毛里塔尼亚接壤，西与摩洛哥、西撒哈拉交界。海岸线长约1200千米。北部沿海地区属地中海气候，中部为热带草原气候，南部为热带沙漠气候。每年8月最热，最高气温29℃，最低气温22℃；1月最冷，最高气温15℃，最低气温9℃。面积238万平方千米，是非洲面积最大的国家。人口4200万（2019年1月）。大多数是阿拉伯人，其次是柏柏尔人（约占总人口20%）。少数民族有姆扎布族和图阿雷格族。官方语言为阿拉伯语，通用法语。伊斯兰教为国教。

阿尔及利亚现行宪法于1989年2月颁布，经过三次修订。修订后的宪法规定总统是国家元首，也是武装部队的最高统帅，掌握国防外交大权，主持部长会议并兼任国家最高安全委员会、最高司法委员会主席。总统由民族解放阵线代表大会提名，普选产生，任期五年，可连任。阿尔及利亚宪法规定，阿尔及利亚政府成员名单由总理提名，名单产生后需提交总统批准。

阿尔及利亚经济规模在非洲居第四位，仅次于南非、尼日利亚和埃及。石油与天然气产业是阿尔及利亚国民经济的支柱，多年来其产值一直占GDP的30%，税收占国家财政收入的60%，出口占国家出口总额的97%以上。粮食与日用品主要依赖进口。

摩洛哥全称摩洛哥王国（The Kingdom of Morocco），位于非洲西北端。东接阿尔及利亚，南部为西撒哈拉，西濒大西洋，北隔直布罗陀海峡与西班牙相望，扼地中海入大西洋的门户。海岸线1700多千米。面积45.9万平方千米（不包括西撒哈拉26.6万平方千米），人口3619万（2019年1月）。阿拉伯人约占80%，柏柏尔人约占20%。阿拉伯语为国语，通用法语。信奉伊斯兰教。

摩洛哥独立以来已颁布六部宪法。现行宪法于2011年7月1日经公投通过。宪法规定：摩洛哥为君主立宪制国家；国王是国家元首、宗教领袖和武装部队最高统帅；政府首脑由议会选举中得票最多的政党任命，拥有提名和罢免大臣、解散议会等重要权力，议会拥有唯一立法权，众议院占主导地位。

摩洛哥经济总量在非洲排名第五（在尼日利亚、埃及、南非、阿尔及利亚之后），北非排名第三。磷酸盐出口、旅游业、侨汇是摩洛哥经济的主要支柱。农业有一定基础，但粮食不能自给。渔业资源丰富，产量居非洲首位。工业不发达。纺织服装业是重要产业之一。

二、石油工业基本情况

1. 油气资源量、储量、产量和供需情况

阿尔及利亚的油气资源储量相对较丰富。阿尔及利亚是非洲最大的天然气生产国和出口国。

根据USGS 2012年评估数据，阿尔及利亚的石油待发现资源量为6.7亿吨，天然气待发现资源量为1.2万亿立方米。据2018年BP能源统计数据，截至2017年年底阿尔及利亚石油剩余探明可采储量为15.37亿吨，天然气剩余探明可采储量4.34万亿立方米；2017年原油产量6664.6万吨，天然气产量912.45亿立方米；2017年石油消费量1871.13万吨，天然气消费量388.85亿立方米。据2018年中石油经研院能源数据统计，2017年原油出口4096万吨，其中一半出口到欧洲，其余依次出口到北美、亚太、南美，天然气出口568亿立方米。据CIA数据，阿尔及利亚2013年原油进口量14.6万吨。

摩洛哥石油产量很小。据USGS 2012年评估数据，摩洛哥的石油待发现资源量为2110万吨，天然气待发现资源量为382亿立方米。据《油气杂志》数据，2016年摩洛哥天然气剩余储量13.9亿立方米。据IHS数据（2017年），摩洛哥2016年原油产量0.47万吨，天然气产量0.81亿立方米。据2018年BP能源统计数据，摩洛哥2017年石油消费量1287.33万吨，天然气消费量11.38亿立方米。据《OPEC能源统计2017》报告，摩洛哥2016年原油进口215万吨，天然气进口5亿立方米。

2. 主要含油气盆地与油气田

阿尔及利亚沉积盆地面积达150万平方千米，占其国土面积的60%。沉积盆地及含油气构造单元地有20个：阿赫奈特盆地、雷甘盆地、蒂米蒙盆地、韦德迈阿盆地（Oued Mya Basin）、伊利兹盆地、东南君士坦丁盆地、廷杜夫盆地、哈西迈萨乌德隆起、撒哈拉盆地、贝沙尔盆地、霍德纳盆地、中阿特拉斯地堑、阿特拉斯盆地、米苏尔盆地、艾伯兰海盆地、艾尔格罗-普罗旺斯盆地、塞纳深海盆地、陶丹尼盆地、古达米斯盆地、莫伊代尔盆地。

摩洛哥的主要沉积盆地有：杜卡拉盆地、索桑拉盆地、奎尔克西夫盆地、拉尔勃-前里弗盆地，廷杜夫盆地、南奥兰盆地和阿尤恩-塔尔法雅盆地的一部分。

其中，韦德迈阿盆地为一古生代—中生代盆地。盆地面积18万平方千米，包括韦德迈阿次盆、哈西迈斯乌德隆起和图古尔特（Touggourt）低隆起等构造单元。发现了可采储量超过18亿吨油当量（2017年数据）的哈西迈萨乌德（Hassi Messaoud）超大型油气田。

韦德迈阿盆地烃源岩为志留系海相黑色页岩、泥岩，有机碳含量4%～10%；受排烃效率等影响，盆地边缘至中心剩余有机碳含量值逐渐减小，盆地中心有机碳含量仅为2%左右；生、排烃期始于提塘期—贝利亚斯期，目前盆地仍处于生烃高峰期。韦德迈阿盆地储层为前侏罗系，发育包括寒武系、奥陶系、泥盆系、三叠系等多套有利储层。韦德迈阿盆地发育有五套盖层，包括下奥陶统嘎西（Gassi）组黑色泥岩、中奥陶统阿扎（Azzel）组泥岩、三叠系—下侏罗统石膏岩等。盆地有效圈闭形成与海西期，海西不整合面之上的三叠系以低幅度背斜圈闭为主，之下的奥陶系等以背斜、地层尖灭圈闭为主。寻找地层、岩层尖灭和构造复合圈闭是未来本盆地勘探的关键。截至2017年，该盆地探明液态烃储量24亿吨，探明天然气储量8500亿立方米，总探明储量30亿吨油当量。

哈西迈萨乌德（Hassi Messaoud）油田位于韦德迈阿盆地中部，位于首都阿尔及尔南165°方位约600千米，属于瓦尔格拉（Ouargla）省，勘探始于1952年，1956年产油。油田圈闭为一穹隆状隆起，面积约1650平方千米，含油面积1150平方千米，过渡带450平方千米。产层为寒武系石英砂岩，埋深3300米，厚度270米（油藏高度）。地层静压为140标准大气压。储层温度120℃，原油相对密度0.636，饱和压力184千克/厘米^2，油气比225米^3/米^3。储层孔隙类型主要为粒间孔、裂缝和微裂缝等，孔隙度2%～12%，平均8%，渗透率最高可达1达西。盖层为三叠系蒸发岩，厚500～600米。圈闭构造形成于海西晚期。油田地质储量约45亿吨，原油最终可采储量约15亿吨，天然气最终可采储量2300亿立方米（2017年）。

3. 油气管道

阿尔及利亚基础设施完善，拥有连接各大油田和出口终端的油气管网。阿尔及利亚境内管线总长约4.5万千米，油管线约为1.7万千米，气管线约为2.8万千米。从阿尔及利亚到意大利的穿越地中海天然气管道（Trans-Mediterranean pipeline），全长2485千米，由意大利Snam Rete Gas公司负责运营。阿尔及利亚到西班牙的阿西天然气管道（Medgaz pipeline），全长757千米。

摩洛哥境内其中1条通往西班牙。管线总长889千米，气管线447千米，油管线约442千米。马格里布—欧洲天然气管道途经阿尔及利亚、摩洛哥至西班牙、葡萄牙，其中摩洛哥境内管线长度为545千米。

4. 石油炼制和化工

阿尔及利亚现有九座炼油厂，六座在运营，三座在建。2016年，原油加工能力为2639万吨（美国《油气杂志》数据）。

摩洛哥现有三座炼油厂，一座在运营。2016年，原油加工能力为1900万吨（美国《油气杂志》数据）。

三、投资环境

1. 管理体制

阿尔及利亚能源与矿产部负责油气资源发展和利用的战略规划与政策制定。国家油气资源开发局（ALNAFT）负责促进勘探、签订上游合同、批准开发计划和征收矿区使用费。国家油气领域活动控制调整管理局（ARH）负责管理管线和下游项目的建造及经营许可证。国家石油公司（SONATRACH）代表阿尔及利亚参与油气合作。

摩洛哥能源部是石油行业的主管部门，国家石油公司ONHYM负责许可证发放。

2. 石油法律法规

阿尔及利亚最主要的石油法律是2005年《油气法》，2006年该法律修订后规定阿尔及利亚国家石油公司可获得最少51%的归复权益（Back-in-right）。

摩洛哥主要的石油法律是2000年颁布的《油气法》。摩洛哥目前采用矿税制合同。

3. 对外合作情况

阿尔及利亚国家石油公司主导了阿尔及利亚上游油气勘探开发。国际石油公司只能通过与SONATRACH成立联合作业体的形势参与到阿尔及利亚的油气开发。在国际石油公司中，埃尼所拥有的油气储量规模最大，油气产量最高。Medex和Bourarhet Nord石油公司拥有的油气储量仅次于埃尼。阿纳达科的资产以Berkine次盆为主，同时持有Ourhoud、Hassi Berkine和El Merk油田的非作业者权益。BP和道达尔是Amenas气田的主要参与者。Petroclitc在2009年取得的勘探发现使其成为阿尔及利亚最大的外国石油公司之一。其他主要的国际石油公司还有Engie和Maersk石油天然气公司。

过去五年中，国际石油公司在摩洛哥海上沿岸区块共钻探七口探井，但没有取得油气发现。目前在摩洛哥开展油气勘探活动的石油公司有埃尼、Chariot、SDX Energy、Petroleum Exploration、Atlas Petroleum等。

利比亚、突尼斯油气勘探开发形势图

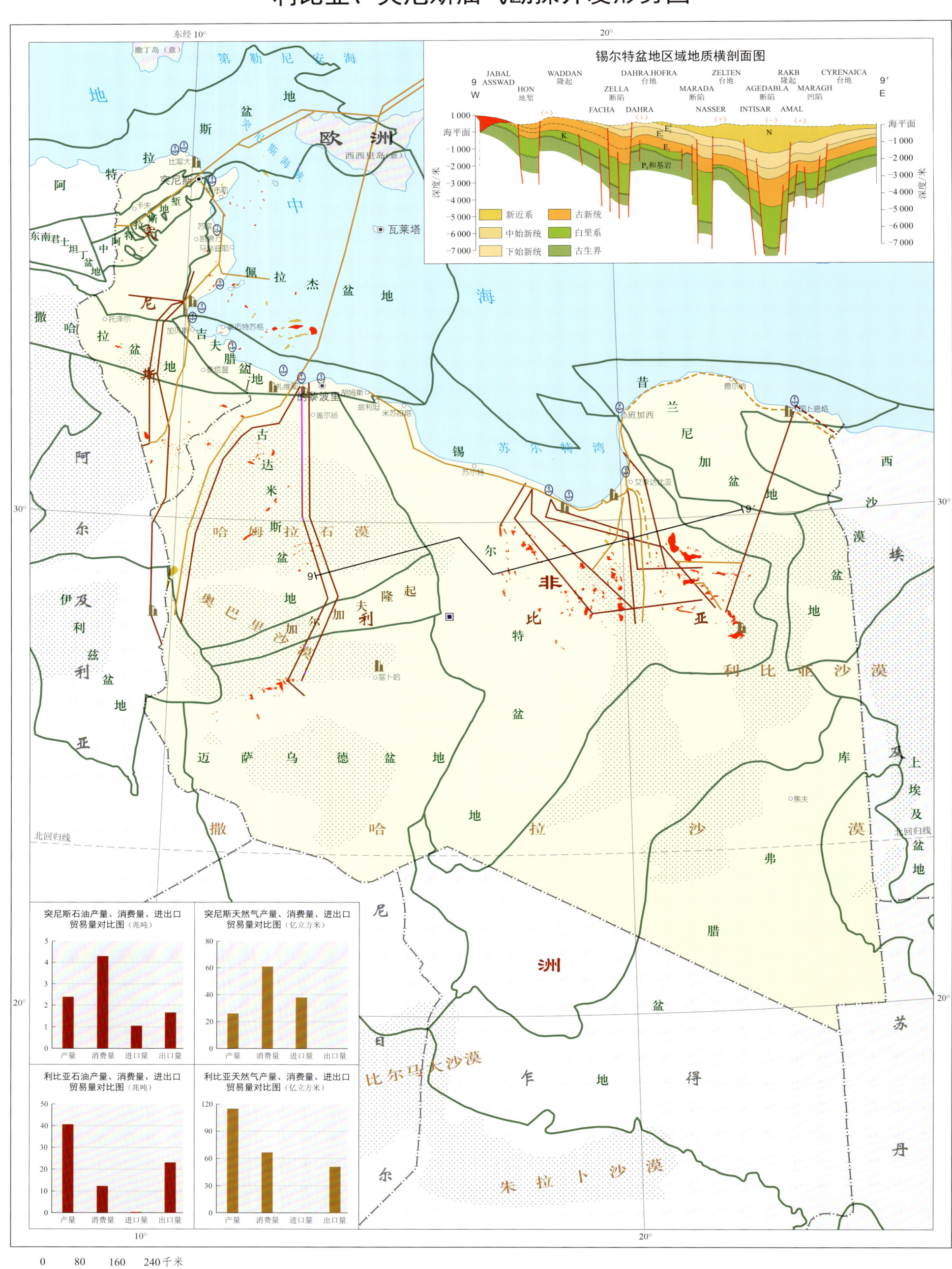

非洲各国油气勘探开发形势图

一、概况

利比亚国(State of Libya)位于非洲北部,与埃及、苏丹、突尼斯、阿尔及利亚、尼日尔、乍得接壤。北濒地中海,海岸线长1 900余千米。沿海地区属地中海型气候,内陆广大地区属热带沙漠气候。面积176万平方千米。人口647万(2019年1月)。主要是阿拉伯人,其次是柏柏尔人。阿拉伯语为国语。绝大多数居民信仰伊斯兰教。

2011年卡扎菲政权被推翻后,利比亚政局持续动荡。2014年8月以来,利比亚出现两个议会、两个政府并立的局面,两派武装冲突不断,恐怖组织和极端组织趁机在利比亚境内扩张势力范围。在联合国斡旋下,利比亚两个对立议会代表团于2015年12月17日签署《利比亚政治协议》,同意结束分裂局面,共同组建民族团结政府。从政治对话中产生的九人总理委员会暂时承担政府工作,负责拟定新政府名单。截至目前,利比亚和该仍在继续,利比亚部分地区仍由一些宗教民兵武装控制。石油是利比亚的经济命脉和支柱,石油收入占利比亚国民生产总值的80%和出口收入的90%。依靠丰富的石油资源,利比亚曾一度富甲非洲。2011年后至今的两次内战使利石油生产受到严重影响。据IHS数据,2017前十个月利比亚日均产量78.6万桶(10.72万吨/天)。

突尼斯共和国(The Republic of Tunisia)位于非洲北端。西与阿尔及利亚为邻,东南与利比亚接壤,北、东临地中海,隔突尼斯海峡与意大利相望,海岸线全长1 300千米。北部属地中海型气候,夏季炎热干燥,冬季温和多雨。南部属热带沙漠气候。8月为最热月,日均温21~33℃;1月为最冷月,日均温6~14℃。面积16.2万平方千米。人口1 166万(2019年2月),90%以上为阿拉伯人,其余为柏柏尔人。阿拉伯语为国语,通用法语。伊斯兰教为国教,主要是逊尼派,少数人信奉天主教、犹太教。

2011年年初突尼斯爆发茉莉花革命(Revolution de Jasmin),本·阿里政权被推翻。2014年1月,突尼斯过渡政府宪议会通过新宪法,确定突尼斯实行总统共和制,伊斯兰教为国教,总统由直选产生,任期五年,不得超过两届,实行一院制,立法机构称为人民代表大会。突尼斯经济中工业、农业、服务业并重。工业以磷酸盐开采、加工和纺织业为主。橄榄油是出口创汇的主要农产品。旅游业较发达,在国民经济中占重要地位。突尼斯政治过渡期间,经济增长缓慢,高失业、高赤字、高通胀症状明显,旅游、磷酸盐等支柱产业受到较大冲击。

二、石油工业基本情况

1. 油气资源量、储量、产量和供需情况

利比亚是非洲第二大石油储量国。据USGS 2012年评价数据,利比亚的油待发现资源量4亿吨,气待发现资源量3 428亿立方米。据2018年BP能源统计数据,截至2017年年底利比亚的石油剩余可采储量为62.97亿吨,天然气剩余可采储量为1.43万亿立方米;2017年利比亚原油产量4 076万吨,天然气产量115.26亿立方米。据2018年中石油经研院能源数据统计,2017年原油消费量1 240万吨,天然气消费量66.67亿立方米;2017年原油出口量2 317万吨,天然气出口量51亿立方米。据EIA 2015年数据,利比亚的原油进口量为450万吨,天然气进口量尚无。

据USGS 2012年评价数据,突尼斯的油待发现资源量9 133万吨,气待发现资源量610亿立方米。据2018年BP能源统计数据,截至2017年年底突尼斯石油剩余探明可采储量为0.55亿吨;2017年原油产量241.49万吨。据2018年中石油经研院能源数据统计,截至2017年年底突尼斯天然气剩余可采储量为651亿立方米;2017年天然气产量26亿立方米;2017年石油消费量430万吨,2017年天然气消费量61.11亿立方米;2017年原油出口量167万吨,天然气出口量尚无;2017年原油进口量为106万吨,天然气进口量为38亿立方米。

2. 主要含油气盆地

突尼斯的含油气盆地主要有古达米斯盆地、佩拉杰盆地、吉夫腊盆地和撒哈拉盆地。而利比亚的含油气盆地主要有:锡尔特盆地(Sirte Basin)、古达米斯盆地、佩拉杰盆地、迈explore乌德盆地、昔兰尼加盆地和库弗腊盆地等。锡尔特盆地是利比亚取得油气最多的,油气产量最大的盆地。

锡尔特盆地面积50.24万平方千米,其中陆上43.4万平方千米,海上6.8万平方千米。盆地内已完钻1 300多口,共发现301个油气藏(田)。盆地长轴方向约700千米,且呈NW-SE展布,北东向宽约500千米。盆地构造形成有三个构造活动阶段:早白垩世初期裂谷阶段、晚白垩世至始新世裂谷阶段、渐新世以来的裂后沉降阶段。

锡尔特盆地中生代裂谷形成之前的地层有前寒武系花岗岩、变质岩;寒武纪—奥陶纪加尔加夫组(Gargaf)石英砂岩等。下白垩统为陆相砂泥岩沉积,上白垩统发育海相厚层白云岩、砂岩、石膏、石灰岩和黑色页岩等,其中的泥质灰岩、白云岩和黑色页岩盆地的重要烃源岩。古新统为巨厚的海侵碎屑岩;始新统世上部Gir层白云岩是良好的储集层,古新统厚层货币虫灰岩是良好的烃源岩。始新统至中新统下部多套的浅海相滨岸、三角洲等形成盆地良好盖层。中新统的梅辛阶(Messinian Stage)发育陆相沉积,形成了盆地东部的Augila储层。截至2017年,锡尔特盆地探明储量石油约53.9亿吨,天然气储量超过1.1亿立方米。未来锡尔特盆地仍将是利比亚油气储量潜力巨大、增产最迅速的油气区。

3. 主要油气田

利比亚境内有521个油气藏(田),其中油藏(田)442个,气藏(田)79个。开发中油气田24个,生产中气田25个(因政局动荡有间断)。突尼斯境内有144个油气藏(田),其中油藏(田)106个,气藏(田)38个。开发中油气田16个,生产中油气田57个。

塞里尔油气田(Cyril Oil Field)位于锡尔特盆地东南部的沙漠地区,位于班加西港南东140°方位,平距500千米。该油田发现于1961年。油田构造为一NW-SE向正断层控制的背斜,位于锡尔特盆地裂谷盆地的地垒上,地垒由于一组转换型断裂所横切,自晚白垩世至中新世一直沉降,因而油田发育有巨厚的下白垩统陆相努比亚组沉积,进而可划分出上努比亚砂岩、中努比亚页岩和下努比亚砂岩。烃源岩为早白垩世早期沉积的湖相黑色页岩;储层为上努比亚组砂岩,平均埋深3 500~4 000米,含油面积超过400平方千米,储层砂岩孔隙度8%~10%。因利比亚政局、社会的剧烈动荡而致使勘探开发停滞多年。据2017年数据,塞里尔油气田探明可采储量超过15亿吨。

4. 油气管道

利比亚拥有完善的油气管线运输系统。利比亚境内油管线长8 924千米,气管线长5 782千米。锡尔特盆地通向地中海的原油管道总长6 700千米,年输送能力1.9亿吨,实际输送量是4 870万吨。石油管道主要连接锡尔特盆地到地中海的油田。其他管道线路为从萨里尔到Marsa EL Hariga油田靠近托布鲁克(Tobruk),从穆尔祖克盆地、古达米斯盆地到地中海的黎波里附近的扎维亚炼油厂。

利比亚天然气管网由锡尔特盆地管网、海岸管网、西利比亚管道和出口管道组成。锡尔特盆地管由13条主要管线构成,连接盆地内各气田到Marsa El Brega液化天然气厂,全长约1 068千米。海岸管网将Marsa El Brega液化天然气厂的天然气输送到阿尔胡斯港,全长655千米。西利比亚管道由两条分别连接Bahr Es Salam和Wafa气田到北部Mellitah气站的管道组成,由埃尼负责运营,长度分别为110千米和525千米。出口管道将Mellitah气站的天然气通过海底管道输送到意大利西西里,全长520千米。其中,绿溪天然气管道(Green stream pipeline)是穿越地中海距离最长的天然气管道,起自利比亚Mellitah首站,向北穿越地中海,止于意大利西西里Gela末站,并与意大利本地天然气管道相连。最大海底深度为1 127米,管径813毫米,由利比亚NOC公司负责运营。气源主要来自利比亚Bahr Essalam近海气田和靠近阿尔及利亚边境的Wafa气田,分别通过Bahr Essalam—Mellitah(巴尔—美丽塔)管道和Wafa—Mellitah(瓦法—美丽塔)管道与Mellitah(美丽塔)首站相连。

突尼斯油气管网较为成熟。突尼斯境内油管线长1 640千米,气管线长2 754千米。

5. 石油炼制和化工

利比亚共有炼厂七座,四座在运营,2016年原油加工能力为75万吨(《油气杂志》2017年数据)。分别为Az-Zawiyah、Marsa El Brega、Ras Lanuf、Zwara(Mellitah)、Sabha、Sarir、Tobruk,后三座炼油厂为利比亚国家石油公司(National Oil Corp.)公司拥有。利比亚国家石油公司正计划新建的Sebha炼厂,设计炼油能力2万桶/天。

突尼斯有两个炼油厂,分别为Bizerte和La Skhira炼厂,2016年原油加工能力为170万吨(《油气杂志》2017年数据)。

三、投资环境

1. 管理体制

2014年利比亚大选后出现了两个对立政府,位于东部托布鲁克的国民代表大会(House of Representatives)和位于的黎波里的国民大会(National General Congress),东部政府正试图建立一个新的国家石油公司。利比亚国家石油公司目前对两个政府保持中立。国际石油公司目前仍与的黎波里的国家石油公司开展合作。

突尼斯的石油行业主管机构是能源和矿产部。1972年突尼斯成立国家石油公司ETAP,代表国家参与油气开发,占股比例一般为20%~55%。

2. 石油法律法规

利比亚当前主要的石油法律是1955年颁布的《石油法》。2011年内战结束后,利比亚曾宣布出台新的石油法律。现阶段由于利比亚国内政局动荡,该法律一直未能出台。利比亚目前采用的石油合同是产量分成合同,对已开发油田,国家石油公司可获得65%~75%的工作权益。

突尼斯有三部主要的石油法律:Decree Law 85-9、Law 90-56、Law 99-93。目前采用矿税制合同和产量分成合同。

3. 对外合作情况

1955年利比亚颁布利比亚石油法,正式对外放开油气领域。目前,国际石油公司通过与利比亚国家石油公司(NOC)成立合资公司参与到利比亚的油气勘探与开发活动,最主要的合资公司有Mellitah石油和天然气公司(埃尼、NOC)、Waha石油公司(康菲、Marathon、Hess、NOC)、Akakus石油公司(Reposl、NOC)、Zueitina石油公司(OMV、NOC)。利比亚两次内战后,宗教、部族、军事集团间冲突频发,针对油气基础设施的袭击时有发生。2014年后,大部分国际石油公司不断缩紧在利比亚的投资和作业规模。埃尼是利比亚石油产量最大的国际石油公司,也是近年唯一持续在利比亚进行上游投资的公司。目前,埃尼正加大2015年发现的Bahr Es Salam天然气田的开发投入,该气田预计天然气地质储量达2万亿立方英尺。其他在利比亚从事油气勘探开发业务的国际石油公司还有OMV、Repsol、道达尔、WinterShall、Gazprom等,但资产规模都较小。

石油公司在突尼斯的油气勘探开发可追溯到1894年,1948年在Djebel Abderahmane取得第一次油气发现。目前活跃在突尼斯的国际石油公司有埃尼、壳牌、OMV、Resources and Serinus Energy。壳牌收购BG后获得后者拥有的Hasdrubal和Miskar气田,壳牌目前在这两个气田的天然气产量占到了突尼斯全国天然气产量的70%。OMV目前正与突尼斯国家石油公司ETAP合作Nawara天然气开发项目。

埃及油气勘探开发形势图

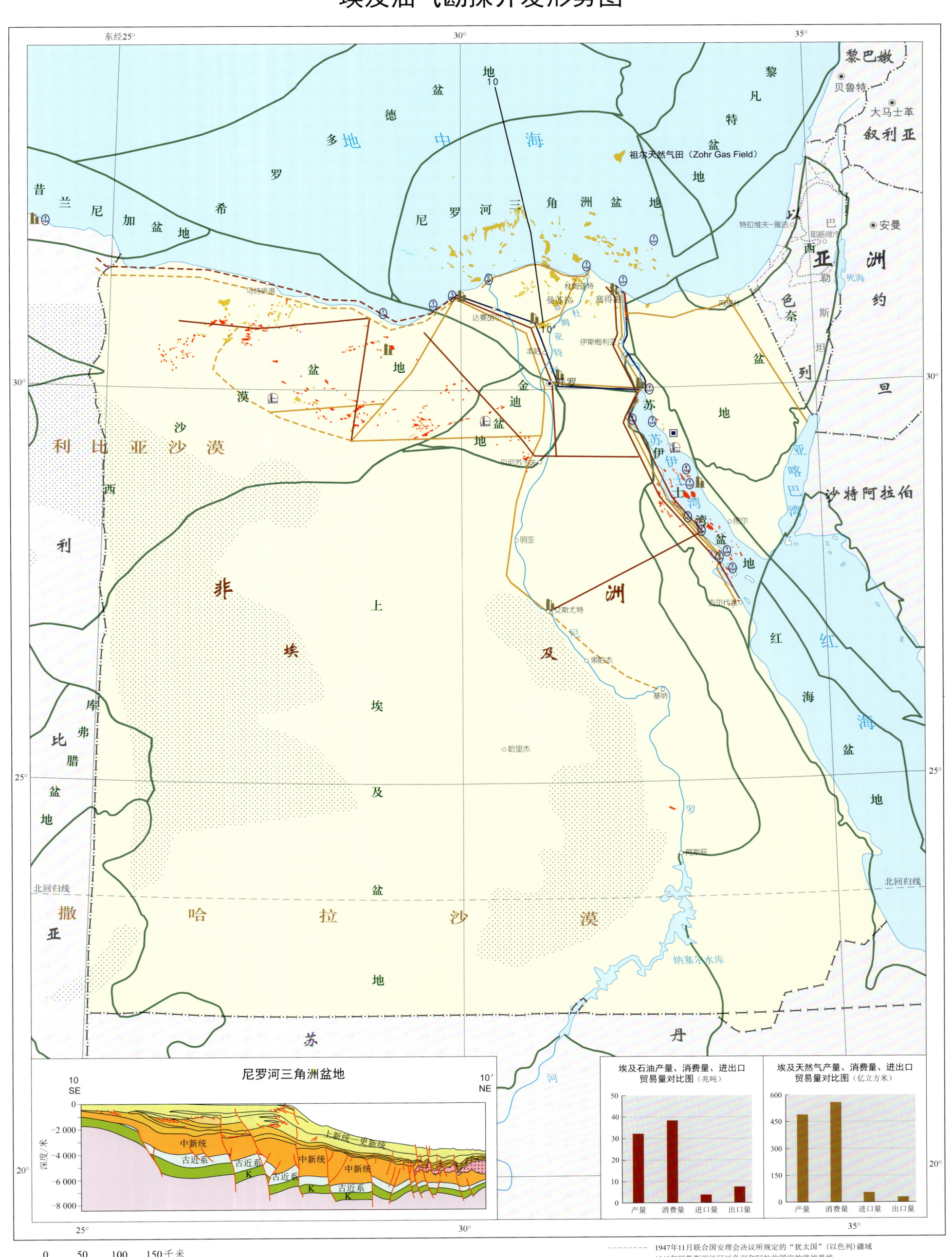

一、概况

阿拉伯埃及共和国（The Arab Republic of Egypt）西连利比亚，南接苏丹，东临红海并与巴勒斯坦、以色列接壤，北濒地中海。海岸线长约2900千米。面积100.1万平方千米。尼罗河三角洲和北部沿海地区属地中海型气候，平均气温1月12℃，7月26℃。其余大部分地区属热带沙漠气候，沙漠地区气温可达40℃。人口9337.57万（2019年1月）。伊斯兰教为国教，信徒主要是逊尼派，占总人口的84%。科普特基督徒和其他信徒约占16%。官方语言为阿拉伯语。

2014年埃及通过新宪法，宪法规定实行总统共和制，总统是国家元首、武装力量总司令。总统任期四年，可连任一次，议会有弹劾总统的权利。国家承诺"男女平等"；不得以宗教、种族、性别和地域为基础，形成政党；军方有权在未来八年内指定国防部长。

埃及属开放型市场经济，拥有相对完整的工业、农业和服务业体系。服务业约占国内生产总值50%。工业以纺织、食品加工等轻工业为主。农村人口占总人口55%，农业占国内生产总值14%。石油天然气、旅游、侨汇和苏伊士运河是四大外汇收入来源。2011年初以来的埃及动荡局势对国民经济造成严重冲击。2014年6月新政府成立后，大力发展经济，改善民生，经济有所好转，2016年GDP增长率为3.1%。

二、石油工业基本情况

1. 油气资源量、储量、产量和供需情况

埃及具有较丰富的油气资源。据USGS 2012年评价数据，埃及的石油待发现资源量3.2亿吨，天然气待发现资源量1.1万亿立方米。据2018年BP能源统计数据，截至2017年年底埃及石油剩余探明储量为4.37亿吨，天然气剩余探明储量为1.78万亿立方米；2017年原油产量3217.8万吨，天然气产量490.18亿立方米；2017年石油消费量3837.91万吨，天然气消费量559.76亿立方米。据2018年中石油经研院能源数据统计，2017年原油进口量367万吨，天然气进口量61亿立方米；2017年原油出口量740万吨，天然气出口量30亿立方米。

埃及近年油气产量下滑严重，供需缺口扩大，2015年开始进口液化天然气，2016年进口原油和石油产品1680万吨。随着西尼罗河项目2017年3月开始的商业化生产和埃尼Zohr气田即将于年底开始的商业化生产，埃及天然气的供需缺口将逐步缩小。

2. 主要含油气盆地

埃及的含油气盆地主要有八个：尼罗河三角洲盆地、苏伊士湾盆地、西沙漠盆地、金迪盆地、上埃及盆地、红海盆地、希罗多德盆地和西奈盆地等。苏伊士湾盆地分布有目前埃及主要的石油生产油田，2017年探明储量4000万吨；西沙漠盆地有埃及重要的正在开发气田，2017年探明天然气储量1.6亿立方米。

尼罗河三角洲盆地（Nile Delta Basin）与北侧的黎凡特盆地（Levant Basin）类似，是埃及潜力巨大的天然气盆地。三角洲的陆上部分是宽广的冲积平原，地层由中生代—始新世的碳酸盐岩组成向北倾的单斜，以北倾断层挠曲带与北部分开。北三角洲包括三角洲北部和大陆架，面积2.3立方米，其中陆上0.92万立方米，由北加厚的渐新统—中新统—上新统—更新统沉积组成，厚度大于3500m，大部分地区有页岩底辟构造存在。中新统上部的厚层石膏等蒸发岩为良好的气藏盖层。

尼罗河三角洲盆地渐新统至更新统共有三个海进海退旋回：第一个旋回由渐新统页岩和下中新统粗砂岩和砾岩组成；第二个旋回为中中新统深海相泥岩和上中新统砂砾岩互层，上部为三角洲砂岩；第三旋回为上新统海进泥岩、粉砂岩和砂岩和下更新统浅海粗砂岩和砂质泥岩，最上部为海退型中−粗粒席状砂岩。北三角洲渐新统和中新统有机质丰富的页岩和泥灰岩（平均有机碳0.7%~2%）是良好的烃源（Sidi salem组和Moghta组）。上白垩统和渐新统的海相沉积是南三角洲的烃源岩；北三角洲的主要储层是Abu Madi组砂岩，区域盖层是Kafrel sheikh组页岩，其他部分储层为Qantara组和Qanwasim组砂岩，储层物性好，一般孔隙度15%~28%，渗透率400~1000毫达西。

尼罗河三角洲盆地主要是含气和凝析油的盆地，只是在盆地东、西部外围有油田。东部的廷乃赫-1油田，原油相对密度0.84~0.87；姆萨赫1-3油田，原油相对密度0.78~0.81，西部的阿布奇尔和西阿布奇尔油田，原油相对密度0.81~0.815。中西部的阿布马迪和阿布奇尔油田，是围绕中中新世隆起的阿布马迪产（开发）层。塞得港以北东部的三角洲的廷奈赫和蒂姆萨赫气田，产层是Qanwasim组。尼罗河三角洲盆地勘探程度低，勘探潜力巨大。

3. 主要油气田

埃及的油气藏（田）有782个，气藏（田）284个，油藏（田）498个。其中，376个油气田为生产状态，109个油气田为开发状态。剩余探明储量大于1亿吨的油气田有两个，均为气田，分别是祖尔（Zohr）气田和Temsah气田。

祖尔天然气田为埃及目前最大的已探明天然气田，气田面积3752平方千米，发现于2015年。位于塞得港以北的Shorouk区块，地中海海域专属经济区（Egyptian Exclusive Economic Zone，EEZ），水深1450米（4757英尺）。埃尼公司是主要的勘探开发者。发现井Zohr1×NEF，完钻井深4131米（13553英尺），钻遇气层总厚630米（2067英尺）。祖尔气田烃源岩为上新统、渐新统—中中新统、中侏罗统泥岩、页岩和石灰岩等；四套储层分别为上新统Yafo组壳质砂岩，下中新统Tamar组砂岩，白垩系砂岩、白云岩及侏罗系生物灰岩，储层物性好，孔隙度平均18%~23%。未来的勘探方向为上新统、渐新统和下中新统的生物气及侏罗系、白垩系的热成因气等。至2018年祖尔气田已探明天然气可采储量8500亿立方米。

4. 油气管道

埃及基础设施完善，境内管线总长为1.8万千米，其中油管线长8047千米；气管线长9953千米。最重要的石油管道是SUMED（苏伊士地中海）管道系统，输油能力达240万桶/天。埃及覆盖全境的天然气管网已基本建成，由苏伊士湾区域管网、尼罗河管网、西沙漠区域管网三部分组成，输送能力为52.32亿立方英尺，其中三条气管线分别通往以色列、叙利亚和利比亚。

5. 石油炼制和化工

埃及共有炼厂17（12）座，10座在运营。据《油气杂志》数据，2016年埃及原油加工能力为105万吨。

三、投资环境

1. 管理体制

埃及总统和国家最高能源委员会是油气战略和政策制定的最高权力机构。石油部为行业主管机构，负责制定国家油气政策、行业监管和许可证发放。国会负责石油法律的立法工作。国家石油公司EGPC、EGAS、Ganope代表政府参与油气对外合作及具体项目实施。

2. 石油法律法规

埃及石油工业的主要适用法律包括1953年《矿产和石油法》、1956年《矿业法》。埃及目前实施产量分成合同，由埃及石油部、埃及国家石油公司（EGPC）和承包方三方签署。成本回收和产量分成条款可协商。EGPC可代表埃及政府在开发项目中获得50%的权益。勘探许可证的审批流程较长，可持续一年之久。

3. 对外合作情况

活跃在埃及上游领域的外国石油公司为数众多。BP在埃及的油气资产主要包括苏伊士湾的成熟油田和地中海的天然气田，油气储量规模位居所有石油公司的第一位。埃尼早在1954年就进入了埃及，是拥有油气储量第二大的石油公司。2015年埃尼发现了埃及历史上最大的天然气田——Zohr气田，预计天然气可采储量高达6290亿立方米。壳牌与埃及的油气合作长达一个世纪之久，油气资产主要在西沙漠地区，同时是最主要的液化天然气出口商之一。其他在埃及开展上游勘探开发的大型国际石油公司还有阿帕奇、俄罗斯国家石油公司、马来西亚国家石油公司等。

中石化2013年以29.5亿美元收购了美国独立石油公司阿帕奇埃及资产三分之一的权益，当前权益油气产量位居石油公司中的第五位。

马里、尼日尔、布基纳法索油气勘探开发形势图

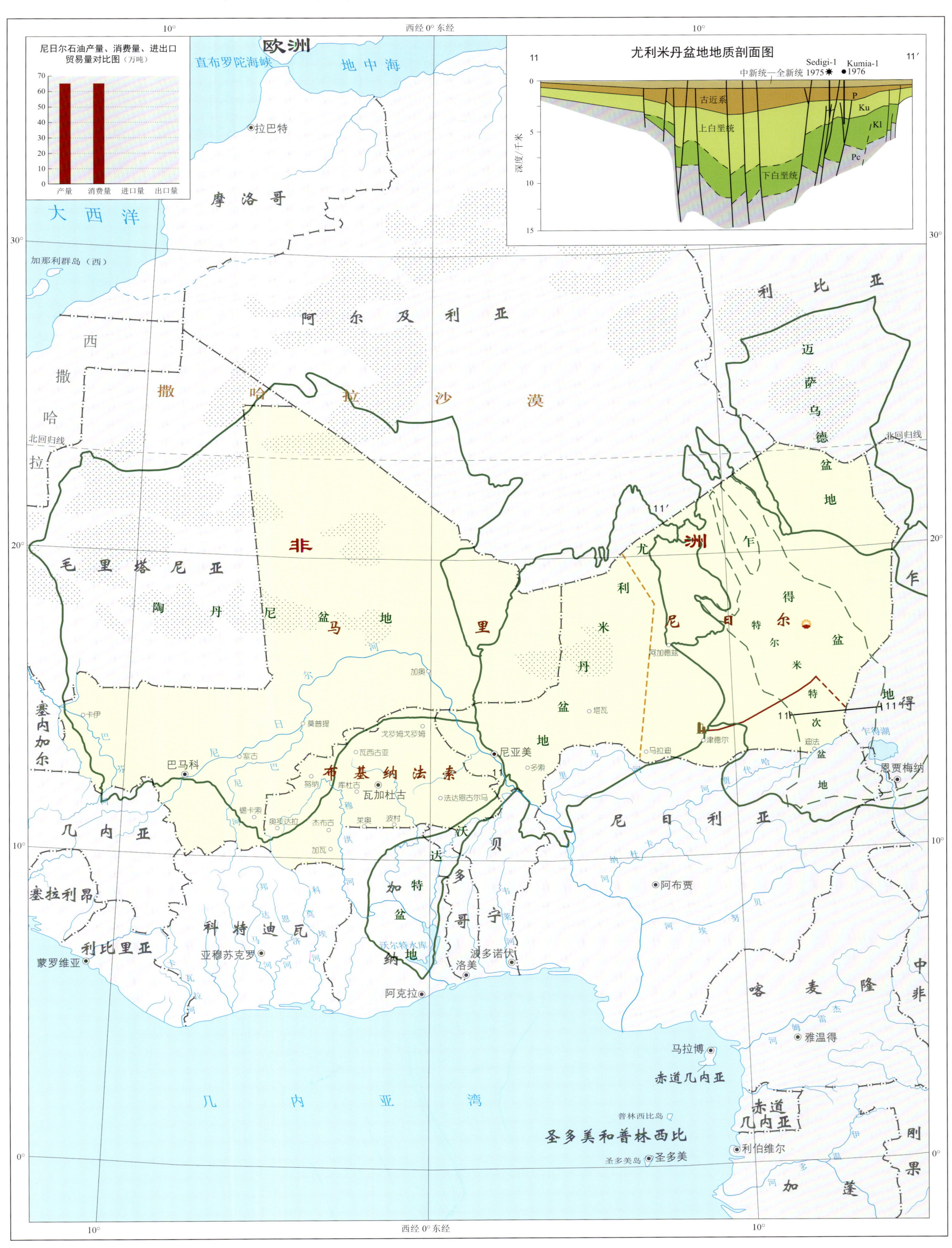

一、概况

马里共和国（The Republic of Mali）位于非洲西部撒哈拉沙漠南缘，西邻毛里塔尼亚、塞内加尔，北、东与阿尔及利亚、尼日尔为邻，南接几内亚、科特迪瓦和布基纳法索，为内陆国。北部为热带沙漠气候，干旱炎热。中、南部为热带草原气候。全年分为两个季节：6~10月为雨季，11月至次年5月为旱季。旱季最高气温达50℃，雨季最低气温为14℃。面积124万平方千米，人口1869万（2017年）。全国有23个民族，主要有班巴拉（Bamanankan，占全国人口的34%）、颇尔（11%）、塞努福（9%）和萨拉考列族（8%）等。各民族均有自己的语言。官方语言为法语，通用班巴拉语（1972年形成文字）。80%的居民信奉伊斯兰教，18%信奉传统拜物教，2%信奉天主教和基督教新教。

马里宪法规定实行立法、行政、司法三权分立；总统由直接普选产生，任期五年，可连选连任一次；总统是国家元首，拥有任免总理和部长、颁布法令、组织公民投票、解散议会、宣布紧急状态等重要行政权力。马里系最不发达国家。经济以农牧业和矿业为主，粮食不能自给，是非洲主要产棉国和产金国。近年马里政府重点发展农业，加强水利、道路等基础设施建设，加快石油勘探和矿产开发。为增加税收、扩大就业，政府积极招商引资，兴建水泥、汽车组装、食品加工、制糖等一批新兴企业，还大力推动矿产、油气资源开发。

尼日尔共和国（The Republic of Niger）系西非的一个内陆国家，东邻乍得，西界马里、布基纳法索，南与贝宁、尼日利亚接壤，北与阿尔及利亚、利比亚毗连。北部属热带沙漠气候，南部属热带草原气候，全年分旱、雨两季，年平均气温30℃，是世界上最热的国家之一。面积126.7万平方千米，人口2231万（2019年1月）。全国有五个主要民族：豪萨族（占全国人口的56%）、哲尔马－桑海族（22%）、颇尔族（8.5%）、图阿雷格族（8%）和卡努里族（4%）。官方语言为法语。88%的居民信奉伊斯兰教，11.7%信奉原始宗教，其余信奉基督教。

宪法规定尼日尔实行半总统制。总统为国家元首和军队统帅，通过两轮多数选举产生，任期五年，可连选连任一次。总理是政府首脑，领导、组织和协调政府工作，对国民议会负责。总统任免总理，并根据总理的提名，任免其他政府成员。尼日尔经济以农牧业为主，是联合国公布的最不发达国家之一。2016年伊素福总统连任后，继续推进"粮食自给自足倡议"、"复兴计划二期"、"2016~2020年经济社会发展规划"，大力发展农业、能源、电力、交通等产业，经济保持小幅增长。但尼日尔经济基础薄弱，受自然灾害、国际市场波动和国内安全形势影响较大，总体仍十分困难。

布基纳法索（The Burkina Faso）是位于非洲西部的内陆国。东北与尼日尔为邻，东南与贝宁相连，南与科特迪瓦、加纳、多哥交界，西、北与马里接壤。属热带草原气候，年平均气温27℃。面积27.4万平方千米，人口1975万（2019年1月）。共有60多个部族，分为沃尔特和芒戴两个族系。沃尔特族系约占全国人口的70%，芒戴族系约占全国人口的28%。官方语言为法语。50%的居民信奉原始宗教，30%信奉伊斯兰教，20%信奉天主教。宪法规定：布基纳法索实行三权分立和多党制。共和国总统是国家元首、部长会议主席、最高司法委员会主席、武装力量最高统帅。布基纳法索系联合国公布的最不发达国家之一。经济以农牧业为主。棉花是布基纳法索主要经济作物和出口创汇产品。工业基础薄弱，资源较为贫乏。

二、石油工业基本情况

1. 油气资源量、储量、产量和供需情况

尼日尔石油工业规模小，起步晚。油气勘探始于20世纪60年代，到90年代钻井数量仅为10口，油气发现数量少。近年来，尼日尔油气勘探在中国石油的带动下有所升温。2008~2015年，中石油钻探了120口探井，取得了90多个油气发现。据USGS 2012年评估数据，尼日尔的油待发现资源量2.36亿吨，气待发现资源量10.3万亿立方米。据美国《油气杂志》数据，2016年，尼日尔石油剩余可采储量2055万吨。根据EIA数据，2016年尼日尔石油产量65万吨，2015年石油消费量65万吨。

据IHS数据，2016，马里石油剩余可采储量0.5亿立方米。根据EIA数据，2015年马里石油消费量37.5万吨。

布基纳法索目前尚无油气发现。

2. 主要含油气盆地

马里、尼日尔、布基纳法索的重要的含油气盆地主要有：乍得盆地（Chad Basin）、迈恩乌德盆地等。其他沉积盆地还有陶丹盆地和尤利米丹盆地。

特尔米特盆地（Termit Basin）是乍得盆地白垩纪—古近纪裂谷次盆部分，乍得盆地又称东尼日尔盆地。特尔米特盆地面积约18.5平方千米，有效勘探面积9万平方千米。1970年西方石油公司开始地球物理勘探，1976年发现三个油气田。2006年以后中石油（CNPC）成为该盆地主要勘探开发合作者。盆地基底为泛非前寒武系。基底上覆有寒武系—侏罗系前裂谷陆相沉积建造。盆地经历了早白垩世、晚白垩世和古近纪等裂谷演化阶段。白垩系—新近系沉积厚度超过10000米。下白垩统Tefidet群为河流相、湖相砂岩，上白垩统特尔米特组（Termit Fm.）为冲积相、河流相、湖相和浅海相，主要为泥岩，是特尔米特盆地的主力烃源岩；上白垩统Aschia-Tinamou组为浅海相泥岩、砂质泥岩，是盆地的烃源岩之一，也是储层、盖层。新生界的古新统、渐新统发育浅海相及河流相、湖相等陆相沉积，其泥岩层系既是上部的烃源岩，也是良好的盖层。

截至2018年，获得总探明储量2100万吨（油当量）。特尔米特盆地油气丰度为8.4万吨/千米²，特尔米特盆地所在乍得盆地的油气待发现资源量约为7.4亿吨油气当量（USGS，2016年），未来潜力巨大。

3. 主要油气田

尼日尔的油气田发育在乍得盆地，包括31个油气藏（田），五个为在产油田。马里只有一个油气田Bourakebougou，位于陶丹尼盆地，处于开发状态。布基纳法索没有油气田。

尼日尔Agadem油田位于首都尼亚美（Niamey）北东78°方位的撒哈拉沙漠南缘，距尼亚美约1300千米。CNPC于2008年6月开始作为主要合作者执行该油田的上下游一体化项目。

4. 油气管道

尼日尔境内原油管道一条，为Agadem—Ganaram管线，长463千米，从Agadem油田到Zinder炼厂，由中石油尼日尔公司（CNPC International Niger Ltd.）运营。马里和布基纳法索境内无管线。

5. 石油炼制和化工

尼日尔有炼厂一座，为Ganaram（Zinder），由中石油国际油气勘探开发公司（CNODC）运营，2015年原油加工能力为100万吨（IHS）。

马里无石油炼化能力。

三、投资环境

1. 管理体制

马里矿业部是石油行业的主管机构。

尼日尔能源和石油部是石油行业的主管机构，水资源和环境保护部负责油气开发环境保护。尼日尔没有国家石油公司。

2. 石油法律法规

马里主要的石油法律是2016年修订的《石油法》。石油合同采用产量分成协议，对取得的商业油气发现，政府可至多获得20%的权益。

尼日尔石油工业的主要适用法律包括2007年《石油法典》，该法典于2014年进行了修订。尼日尔采用产量分成协议，财税条款中的义务工作量可协商。政府可获得开发项目20%的权益。

3. 对外合作情况

由于缺乏商业发现和国内安全局势紧张，2012年后石油公司在马里的勘探活动已经几乎停止。目前仅有三家小型独立石油公司在五个勘探区块作业。中石化曾在2004年与马里开展国油气勘探合作。

中石油于2004年进入尼日尔，获得Bilma区块。目前中石油拥有Tenere、Bilma和Agadem三个作业区块。2015年中石油在Bilma区块取得油气发现，预计石油资源量4300万桶。这是在尼日尔Agadem区块外首次取得的油气发现。英国石油公司Savannah拥有四个勘探区块。阿尔及利亚Sonatrach石油公司拥有Kafra区块100%的权益。

乍得油气勘探开发形势图

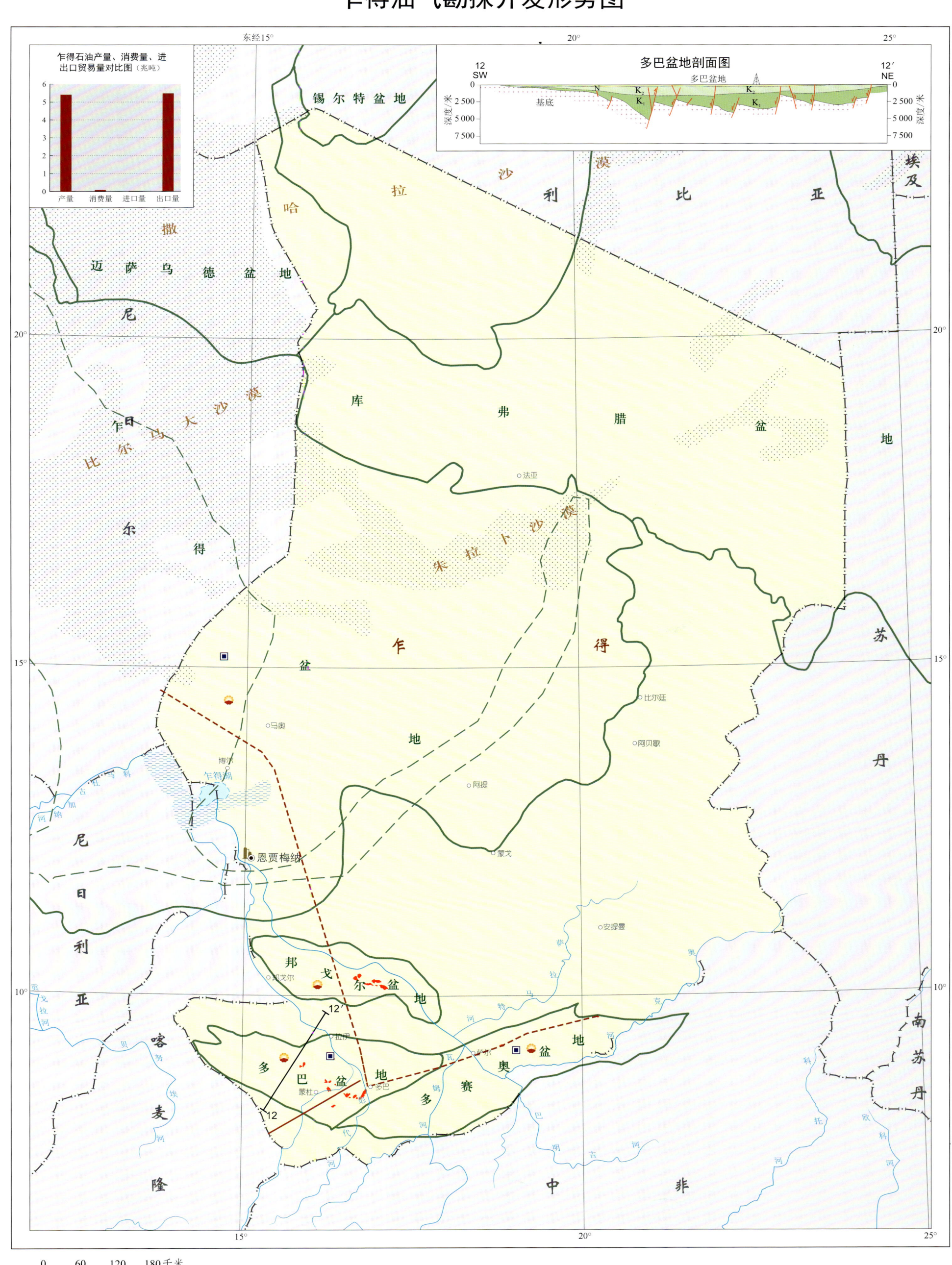

非洲各国油气勘探开发形势图

一、概况

乍得共和国（The Republic of Chad）位于非洲中部、撒哈拉沙漠南缘，为一内陆国家。东邻苏丹，南与中非、喀麦隆交界，西与尼日利亚和尼日尔为邻，北接利比亚。北部属沙漠或半沙漠气候，中部属萨赫勒热带草原气候，南部属热带稀树草原气候，全年高温炎热。除北部高原山地外，大部分地区年平均气温27°C以上，北部可达29°C。面积128.4万平方千米，人口1535.32万（2019年1月）。全国共有民族256个。北部、中部和东部居民主要是阿拉伯血统的柏柏尔族、瓦达伊族、图布族、巴吉尔米族等，约占全国人口的45%；南部和西南部的居民主要为萨拉族、马萨族、科托科族、蒙当族等，约占全国人口的55%。官方语言为法语和阿拉伯语。居民中58%信奉伊斯兰教，18%信奉天主教，16%信奉基督教新教，4%信奉原始宗教。

宪法规定乍得实行政教分离。行政权由总统和政府共同行使。总统是国家元首，负责保证宪法的实施。总统通过直接普选产生，任期五年，可连任两届。乍得是农牧业国家，矿产资源较丰富，但大多尚未开采。经济落后，系世界最不发达国家之一。主要矿产有天然碱、石灰石、白陶土和钨、锡、铜、镍、铬等。1970年以来，乍得湖塞迪吉地区、多巴盆地和瓦达伊盆地均发现石油。乍得无铁路，主要靠公路运输。随着石油开发不断推进，乍得财政收入逐年增加。但由于基础设施建设和民生投入加大，财政支出也较快上升。

二、石油工业基本情况

1. 油气资源量、储量、产量和供需情况

据USGS 2012年评价数据，乍得的石油待发现资源量2.7亿吨，天然气待发现资源量1617亿立方米。据2018年BP能源统计数据，截至2017年年底乍得石油剩余可采储量2.2亿吨，石油产量543万吨。据2018年中石油经研院能源数据统计，2017年乍得石油消费量为11万吨，乍得原油出口量为550万吨。尚无乍得天然气剩余可采储量、产量、消费量、贸易量等数据。

2. 主要含油气盆地

乍得的含油气盆地主要有：多巴盆地（Doba Trough）、乍得盆地（Chad Basin）、邦戈尔盆地、多赛奥盆地和库姆腊盆地。

多巴盆地位于乍得南部，为一近似三角形，面积3.6万平方千米，有效勘探面积1.5万平方千米。目前已发现12个油气藏（田），其中三个油田已经关闭。1955年开始地球物理勘探，2005年盆地年产原油就已达1360万吨。

多巴盆地形成于晚侏罗世—早白垩世的大西洋裂谷时期，属中非断裂系走滑拉分-裂谷系的组成部分。多巴盆地基底为前寒武系花岗闪长岩、片麻岩等。白垩系厚达约7500米，其中下白垩统厚约3000～3500米，上白垩统厚约4000～5000米。下白垩统为冲积相、河流相的砂岩、泥岩，其中阿尔布期湖相阿不加布拉组（K_1, Abu Gabra Fm.）暗色泥岩为盆地的主要烃源岩。阿不加布拉组湖相页岩总有机碳（TOC）约1%～4%，最大12%。干酪根主要为Ⅲ型，次为Ⅰ型。上白垩统为河流相、湖相砂岩、泥岩，盆地西部与喀麦隆接壤处为海相碎屑岩沉积。上白垩统中的粉砂岩为油气藏盖层。

多巴盆地地温梯度为25～30°C/千米，生油门限为2500～4500米，盆地中的下白垩统烃源岩埋深绝大部分位于生油门限深度范围内。盆地下白垩统储层所产原油为轻质油，低硫，原油API度为34，气油比为200～1200米^3/吨；上白垩统储层所产原油亦来自下白垩统烃源岩，遭受过强烈生物降解、水洗等，原油API度为15～25度。盆地没有成藏后的构造运动、火山活动等，成藏潜力巨大。

3. 主要油气田

乍得的油气藏（田）共33个，其中油藏（田）32个，气藏（田）1个，12个在生产油田。

4. 油气管道

乍得境内油管线长1665千米，没有气管线。另外从乍得通往喀麦隆的一条油管线Chad—Cameroon管线长1102千米，从乍得南部的Doba产油区经喀麦隆运输石油至克里比港口，由喀麦隆油气运输公司（COTCO）负责运营。Block H—N'Djamena原油管线于2011年建成，全长311千米，连接H区块和新建的N'Djamena炼油厂。Block H—CCP管线连接H区块与CCP管线，全长11千米。Mangara-Badila—CCP原油出口管线将Mangara和Badila油田与CCP管道相连，其中Badila油田到CCP段全长16千米，Mangara油田到CCP段全长95千米。中石油正计划修建一条连接尼日尔Agadem油田到CCP管线的输油管线。

5. 石油炼制和化工

乍得共有炼厂两座，分别为Djarmaya、N'Djamena炼厂，2015年原油加工能力为100万吨（据IHS）。

三、投资环境

1. 管理体制

总统办公室负责拟定国家油气发展战略和行业政策。矿产、能源和石油部为行业主管机构。2006年成立的国家石油公司SHT代表政府参与油气勘探开发。

2. 石油法律法规

乍得主要的石油法律法规是2007年修订的《石油法》、2012年颁布的《投资法》。乍得目前实施产量分成合同。

3. 对外合作情况

在乍得开展油气合作的石油公司主要有中石油、Glencore石油公司和埃克森美孚。中石油在乍得拥有五个勘探开发区块，在石油公司中持有的剩余储量最大。Glencore石油公司拥有五个勘探区块和两个开发区块。埃克森美孚拥有Doba油田和乍得—喀麦隆管线项目40%的权益。

苏丹、南苏丹油气勘探开发形势图

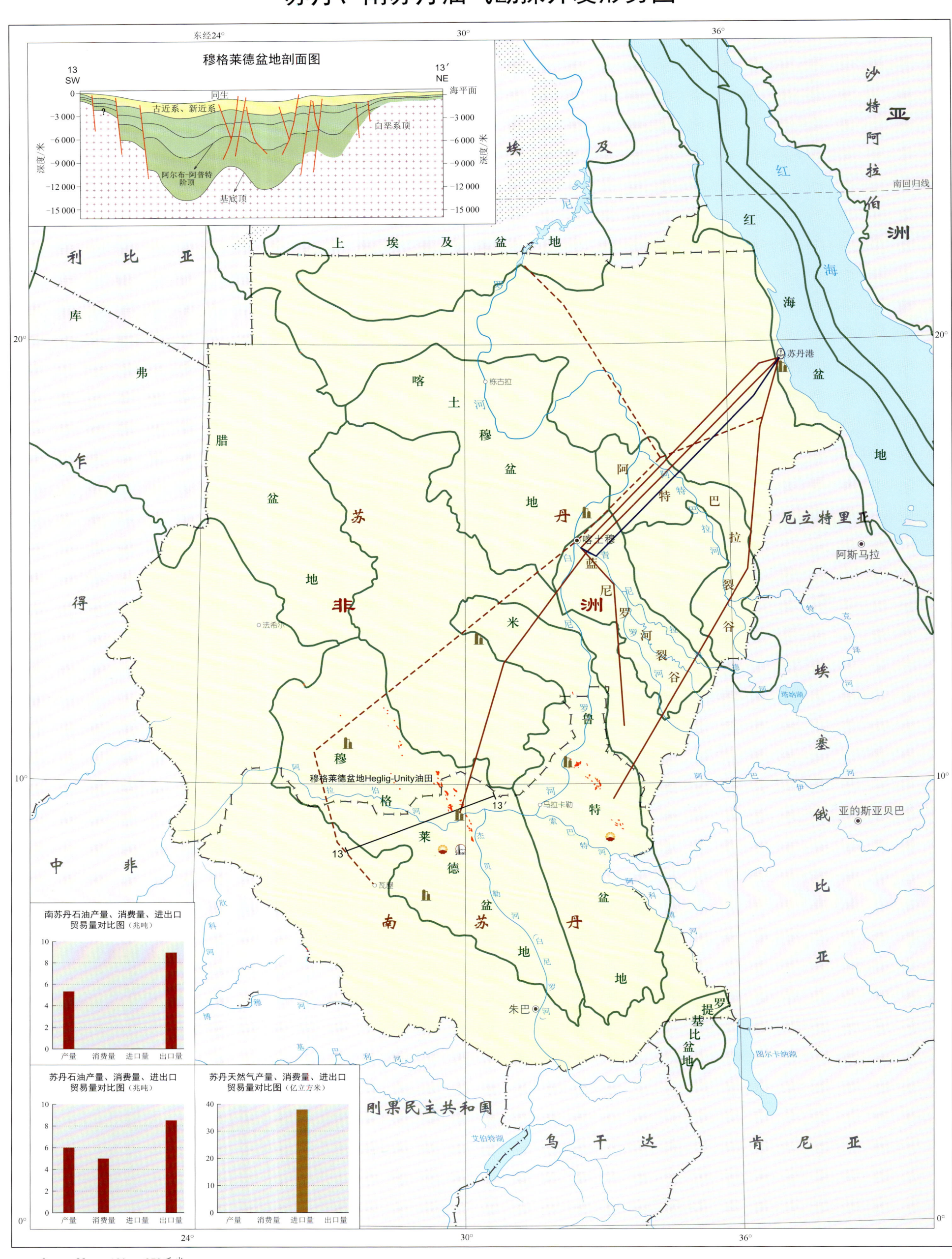

一、概况

苏丹共和国（The Republic of the Sudan，俗称北苏丹）位于非洲东北部，红海西岸，面积约188万平方千米。北邻埃及，西接利比亚、乍得、中非，南毗南苏丹，东接埃塞俄比亚、厄立特里亚。东北濒临红海，海岸线长约720千米。苏丹自北向南由热带沙漠气候向热带雨林气候过渡，最热季节气温可达50℃，全国年平均气温21℃。常年干旱，年平均降水量不足100毫米。人口4151万（2019年1月）。阿拉伯语为官方语言。通用英语。居民大多信奉伊斯兰教，属逊尼派。

1998年苏丹宪法规定苏丹实行建立在联邦制基础上的非中央集权制；总统是国家主权的最高代表，军队最高统帅，拥有立法、司法、行政最高裁决权，由全民选举产生，任期五年，可连选连任一届。2005年7月，巴希尔总统签署了成立苏丹民族团结政府的过渡期宪法。过渡期为六年，过渡期内苏丹保持统一，实行"一国两制"，建立南北两套立法系统。南苏丹独立后，过渡宪法已不再适用，目前苏丹国民议会正在讨论制订新宪法。

苏丹是联合国公布的世界最不发达国家之一，经济结构单一，基础薄弱，工业落后，对自然环境及外援依赖性强。近年来，随着石油大量出口及借助高油价的拉动，苏丹经济保持快速增长，成为非洲经济发展最快的国家之一。但南苏丹独立对苏丹经济产生冲击，国内物价上涨，货币贬值，财政收入锐减。

南苏丹共和国（The Republic of South Sudan）东邻埃塞俄比亚，南接肯尼亚、乌干达和刚果（金），西邻中非，北接苏丹。地形呈槽型，东部、南部、西部边境地区多丘陵山地，中部为黏土质平原，南部边境的基涅提山（Kinyeti）海拔3187米，为全国最高峰。热带草原气候，每年5～10月为雨季，气温20～40℃，11月至次年4月为旱季，气温30～50℃。面积约62万平方千米，人口1292万（2019年1月）。系多部族国家，有丁卡、努维尔、希鲁克、巴里等64个部族。居民大多信奉原始部落宗教，约18%的居民信奉伊斯兰教，约17%的居民信奉基督教。官方语言为英语，通用阿拉伯语。

2011年7月9日南苏丹独立当日，原南方自治政府主席基尔签署南苏丹过渡期宪法，宣誓就任南苏丹共和国首任总统。2015年8月，南苏丹冲突各方签署《解决南苏丹冲突协议》，包括目前仍有争议的阿卜耶伊（Abyei）富油气藏区。根据协议成立国家修宪委员会，将协议内容纳入宪法，目前尚未完成修宪。

南苏丹是世界最不发达国家之一，经济严重依赖石油资源，石油收入约占政府财政收入的98%。道路、水电、医疗卫生、教育等基础设施和社会服务严重缺失，工业产品及日用品完全依赖进口。

二、石油工业基本情况

1. 油气资源量、储量、产量和供需情况

据USGS 2012年评价数据，苏丹石油待发现资源量6.5亿吨，天然气待发现资源量2650.4亿立方米。据2018年BP能源统计数据，截至2017年年底苏丹石油剩余可采储量2.02亿吨，2017年石油产量423.8万吨。据美国《油气杂志》，2016年苏丹天然气剩余可采储量为819亿立方米。据2018年中石油经研院能源数据统计，2017年苏丹石油消费量为500万吨，2017年苏丹原油出口量为851万吨，2017年苏丹天然气进口量为38亿立方米。

据2018年BP能源统计数据，截至2017年年底南苏丹石油剩余可采储量4.72亿吨，南苏丹天然气剩余可采储量为648亿立方米；南苏丹石油产量534.7万吨。据2018年中石油经研院能源数据统计，2017年南苏丹原油出口897万吨。

2. 主要含油气盆地

苏丹和南苏丹的含油气盆地主要有：穆格莱德盆地（Muglad Basin）、米鲁特盆地、库弗腊盆地、喀土穆盆地、红海盆地、蓝尼罗河裂谷和阿特巴拉裂谷盆地。

穆格莱德盆地面积27万平方千米，北宽南窄，盆地呈NW-SE走向，向北西向撒开终止于中非剪切带（Centra-Africaine Shear Zone）。主权上，该盆地大致被苏丹、南苏丹均分，但油田产量南苏丹居多。盆地的演化（裂陷沉降）可分为三期，早白垩世伸展断陷发育阶段、早白垩世晚期至晚白垩世伸展断陷发育阶段、新生代伸展坳陷发展阶段。盆地发育三个沉积旋回，下部上侏罗统—下白垩统阿不加布拉组（Abu Gabra Fm.）厚达6000米的深湖相黑色页岩、泥岩；中部上白垩统本蒂乌组（Bentiu Fm.）、达尔富尔组（Darfur Fm.）和阿玛勒组（Amal Fm.）细砂岩、石灰岩、页岩和泥岩等；上部古近系砂泥岩沉积。盆地总沉积厚度约14000米。盆地烃源岩主要为下白垩统页岩、泥岩等，上白垩统、古近系和新近系暗色泥岩也是重要的烃源岩；储层为白垩系砂岩及碳酸盐岩夹层等；盖层主要为下白垩统至新近系的三套泥岩、页岩。油气运移的通道主要是上白垩统底部的本蒂乌（Bentiu）组砂岩及其断裂系统。目前该盆地发现油气藏约95个（2017年），石油探明可采储量超过3亿吨，天然气探明可采储量超过40亿立方米（2017年），探明程度8%。著名的油田包括Abu Gabra和Sharaf油田、归阿卜耶伊单独管理的Heglig和Unity油田等。

3. 主要油气田（核实）

苏丹共有油气藏（田）64个，其中油藏（田）60个，气藏4个。其中有18个是在产油田。

南苏丹共有油气藏（田）66个，有28个是在产油田。

Heglig-Unity油田位于Heglig-Unity低隆起，属于受构造控制的层状油藏。Heglig油田位于隆起带中部为，由10个含油断块组成。产层为上白垩统的达尔富尔（Darfur）组、上白垩统本蒂乌（Bentiu）组。储层孔隙度为20%～30%，渗透率为100～5000毫达西；储层埋深1600～2700米，油藏压力为16.1～20.3兆帕（Unity油田最高达26兆帕）。原油比重大，一般为0.9，最高达0.99。Unity油田位于隆起带南部，一走向北西的长轴背斜，地层倾角小；Unity油田原油比重较小但单井日产油低，一般日产50～150立方米。Heglig油田单井日产量较高，一般为50～250立方米，但油品略逊色于Unity。两油田部分油藏为边水油藏外，大部分为底水油藏。近年来，在CNPC的参与下，Heglig等油藏区块集中已探明地质储量3.1亿吨，其中可采储量0.93亿吨。

Heglig、Unity油田经喀土穆、阿特巴拉至苏丹港输油管道长度1540千米，管径711毫米，年输原油能力1500万吨，输送压力8.3兆帕。

4. 油气管道

苏丹境内油管线长5924千米，气管线长156千米。大尼罗河石油管道将Muglad-Sudd裂谷盆地的石油输送到红海Bashair出口终端，全长1507千米，设计输送能力40万桶/天。自Block 3和Block 7到苏丹港管道全长1390千米（起点有别，管道长度数据有别），设计输送能力30万桶/天。

Block 6连接Khartoum炼厂管道723千米，设计输送能力20万桶/天。

南苏丹油气基础设施落后，没有石油出口终端，所有生产原油只能过境苏丹进行加工和出口。南苏丹有一条通往肯尼亚的油气线，名为Unity State Fields-Lokichar，因工程问题未建成，设计长1003千米，起于南苏丹的Thar Jath油田，终于肯尼亚的Lokichar Cpf设施，该设施为管线运输汇集点，约六条管线汇集于此。

5. 石油炼制和化工

苏丹共有炼厂6（5）座，其中五个在运营，2016年原油加工能力为2465万吨（《油气杂志》数据）。

南苏丹共有炼厂四座，没有在运营炼厂。计划修建的Bentiu炼厂和Tangrial炼厂由于安全问题已经在2013年停建。

三、投资环境

1. 管理体制

苏丹能源和矿产部为石油行业的主管机构，下属的地质研究委员会负责具体执行。石油事务委员会（Board of Petroleum Affairs）负责许可证的最终审批。

南苏丹石油和矿产部负责行业监管。国家石油天然气委员会负责政策制定和许可证审批。国家石油公司Nilepet代表政府参与油气合作，在开发项目中占股比例一般为5%～8%，在勘探项目中的占股比例最高可至20%。

2. 石油法律法规

苏丹当前主要的石油法律法规包括1972年《石油资源法》。1975年后签订的石油合同全部采用产量分成合同。

南苏丹主要的石油法律是2012年《石油法》。目前实施产量分成合同。

3. 对外合作情况

中石油是苏丹权益储量和产量最大的石油生产企业，持有GNOP（North）油田、GNOP管道和Block 6区块的权益。巴西国家石油公司Petronas和印度国家石油天然气公司ONGC同样持有GNOP（North）和GNOP管道的权益。Ansan Wikfs运营者Block 17开发区块。

目前有15家石油公司在南苏丹从事油气勘探开发业务。Petronas Carigali和中石油是在南苏丹储量规模和权益产量最大的石油公司，但冲突导致GNOP项目的停产给两家公司造成了极大的损失。由于政治的不稳定性和历史上西方国家对苏丹的制裁，西方石油公司鲜少涉足南苏丹的油气领域。道达尔是除中国外唯一在南苏丹开展油气勘探活动的大型国际石油公司，现持有Block B勘探区块。

埃塞俄比亚、厄立特里亚、吉布提、索马里油气勘探开发形势图

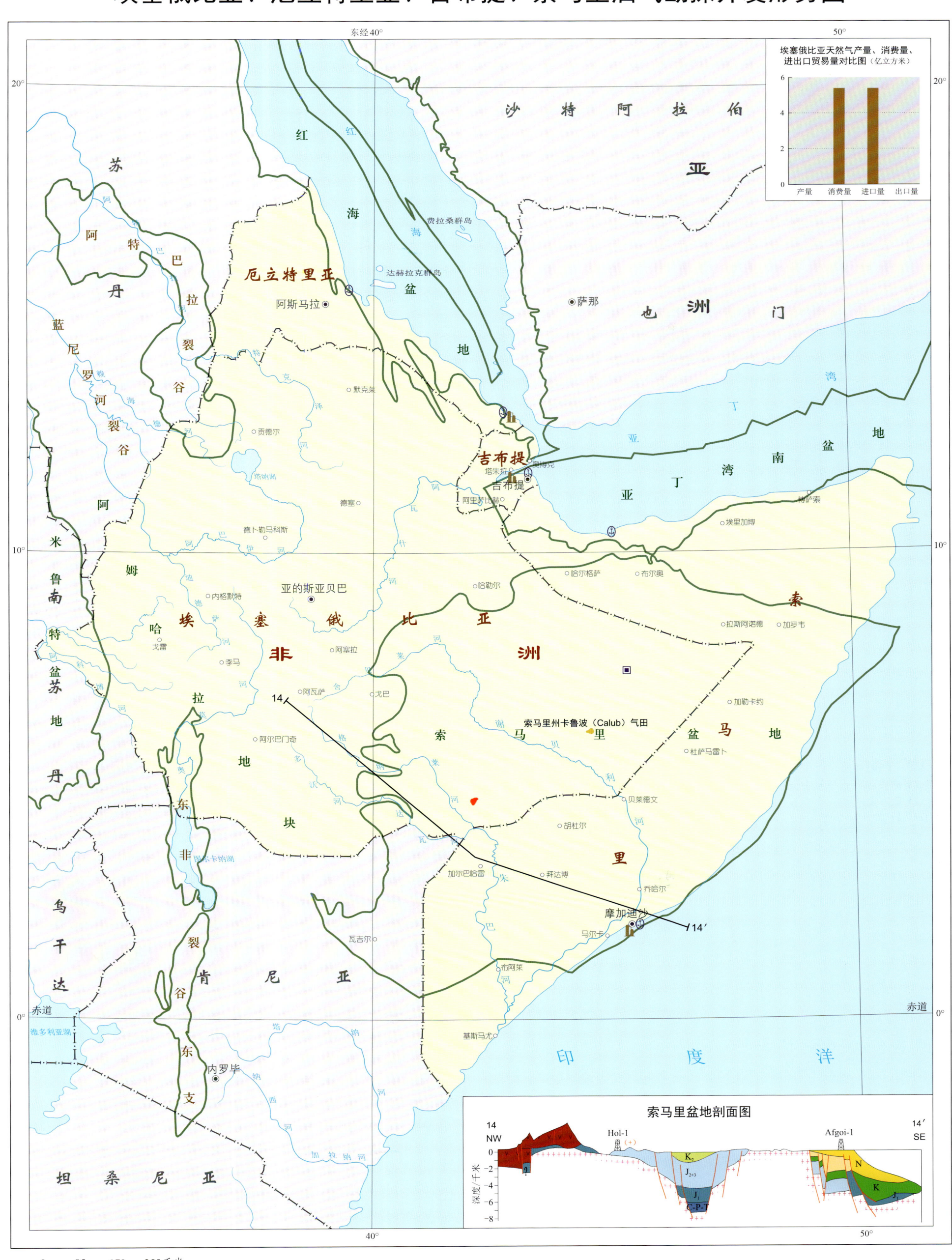

非洲各国油气勘探开发形势图

一、概况

埃塞俄比亚联邦民主共和国（The Federal Democratic Republic of Ethiopia）面积110.36万平方千米，人口1.067亿（2019年1月）。东与吉布提、索马里毗邻，西同苏丹、南苏丹交界，南与肯尼亚接壤，北接厄立特里亚。高原占全国面积的2/3，平均海拔近3 000米，素有"非洲屋脊"之称。全国约有80多个民族，主要有奥罗莫族（40%）、阿姆哈拉族（30%）、提格雷族（8%）、索马里族（6%）、锡达莫族（4%）等。居民中45%信奉埃塞正教，40%～45%信奉伊斯兰教，5%信奉新教，其余信奉原始宗教。阿姆哈拉语为联邦工作语言，通用英语，主要民族语言有奥罗莫语、提格雷语等。埃塞俄比亚为联邦制国家，实行三权分立和议会制。总统为国家元首，任期六年。总理和内阁拥有最高执行权，由多数党或政治联盟联合组阁，集体向人民代表院负责。属世界最不发达国家之一，以农牧业为主，工业基础薄弱。2010年，埃塞俄比亚人民革命民主阵线（The Ethiopian People's Revolutionary Democratic Front, EPRDF）在多党议会选举中获胜后，着手制订并实施首个五年"经济增长与转型计划"，着力加强水电站、铁路等基础设施建设，加快制造业发展，目标是到2025年成为中等收入国家。2015年，首个五年"经济增长与转型计划"圆满收官。2016年起实施第二个五年"经济增长与转型计划"。2017年主要经济数字预测如下，国内生产总值：734亿美元；经济增长率：9.1%；货币名称：埃塞俄比亚比尔；汇率：1美元约为23.95比尔；通货膨胀率：9.8%；外债总额：260.53亿美元；外汇储备：30.13亿美元；对外贸易额：188亿美元。

厄立特里亚国（The State of Eritrea）面积12.4万平方千米（包括达赫拉克群岛近1 000平方千米），人口670万，位于东非及非洲之角最北部，扼红海南段。南邻埃塞俄比亚，西靠苏丹，东南与吉布提接壤，东北隔红海与也门和沙特阿拉伯相望。全国有九个民族：提格雷尼亚族（约占人口50%）、提格雷（31.4%）、阿法尔（5%）、萨霍（5%）、希达赖伯（2.5%）、比伦（2.1%）、库纳马（2%）、纳拉（1.5%）和拉沙伊达（0.5%）。各族均有独自语言，全国主要用提格雷尼亚语、阿拉伯语，通用英语、意大利语。国民信仰东正教和伊斯兰教的约各占一半，少数人信奉天主教或传统拜物教。厄立特里亚实行总统内阁制，总统伊萨亚斯兼任政府首脑。在其任总理后，伊萨亚斯总统不定期对内阁进行改组，本届政府成立于2016年7月，成员共有17人。厄立特里亚经济以农业为主，80%的人口从事农牧业。厄立特里亚政府采取积极措施重点发展矿业，加大农业投入，改善教育和发展基础设施建设，改善医疗条件，厄立特里亚经济社会继续保持基本稳定。2017年主要经济数据如下，国内生产总值：57.41亿美元；国内生产总值增长率：4.9%；货币名称：纳克法；汇率：1美元≈15.38纳克法；通货膨胀率：14%；外贸总额：17.52亿美元；外汇储备：2.27亿美元；外债余额：7.93亿美元。

吉布提共和国（The Republic of Djibouti），面积2.32万平方千米，人口97.14万（2019年1月）。地处非洲东北部亚丁湾西岸，扼红海进入印度洋的要冲曼德海峡，东南与索马里接壤，北与厄立特里亚为邻，西部、西南及南部与埃塞俄比亚毗连。全国主要有伊萨族和阿法尔族。伊萨族占全国人口的50%，使用索马里语；阿法尔族约占40%，使用阿法尔语。另有少数阿拉伯人和欧洲人。官方语言为法语和阿拉伯语，主要民族语言为阿法尔语和索马里语。伊斯兰教为国教，94%的居民为穆斯林（逊尼派），其余为基督教徒。实行总统制，总统兼任政府首脑，每届任期五年。并任命总理，总理负责协调各部工作。吉布提是世界最不发达国家之一。自然资源贫乏，工农业基础薄弱，95%以上的日用商品依靠进口。交通运输、商业和服务业（主要是港口服务业）在经济中占主导地位，约占国内生产总值的80%。目前，经济保持低速增长。近年来财政赤字保持在3%以内。2017吉布提主要经济数字如下，国内生产总值：19.01亿美元；人均国内生产总值：1 901美元；经济增长率：6.9%；货币名称：吉布提法郎；汇率：1美元=177.7吉布提法郎；通货膨胀率：0.6%；外汇储备：4.99亿美元。

索马里联邦共和国（The Federal Republic of Somalia）面积637 660平方千米，人口1 518.19万（2019年1月）。绝大多数是索马里族，又分萨马莱和萨布两大族系。其中萨马莱族占全国人口的80%以上，分为达鲁德、哈维耶、伊萨克和迪尔四大部族，萨布族系分为迪吉尔和拉汉汶两大部族。官方语言为索马里语和阿拉伯语，通用英语和意大利语。伊斯兰教为国教，穆斯林占总人口99%。索马里位于非洲最东部的索马里半岛，北临亚丁湾，东、南濒印度洋，西与肯尼亚、埃塞俄比亚，西北接吉布提。2012年11月，索马里结束长达八年的政治过渡期，成立内战爆发21年来首个正式政府。2017年2月8日，穆罕默德·阿卜杜拉希·穆罕默德当选新总统。索马里是最不发达国家之一。经济以畜牧业为主，工业基础薄弱。2016年，索马里联邦政府制定30年来首个国家发展规划，确定了经济发展优先领域，将加强基础设施建设，发展农业、渔、畜牧业，实施税收和审计体系等。穆罕默德总统任职后，积极落实2017年至2019年国家发展规划，加强政府与私营部门合作，就索马里减债问题做国际社会工作。2016年各项经济指标如下，国内生产总值：63.36亿美元；人均国内生产总值：443美元；国内生产总值增长率：2.4%；货币名称：索马里先令（Somali shilling）；汇率：1美元≈23 960索马里先令（2017年）。

二、石油工业基本情况

1. 油气资源量、储量、产量和供需情况

据USGS 2012年评价数据，埃塞俄比亚的油待发现资源量2 100万吨，气待发现资源量75亿立方米。据《油气杂志》数据，2017年，埃塞俄比亚石油剩余探明储量5.9万吨，天然气剩余探明储量249亿立方米。据EIA数据，2016年埃塞俄比亚石油产量83.4万吨，2016年石油消费量143.1万吨，2014年天然气消费量5.4亿立方米，2014年天然气进口量5.4亿立方米。

据USGS 2012年评价数据，厄立特里亚的油待发现资源量1 037万吨，气待发现资源量271亿立方米。据IHS数据，厄立特里亚2016年天然气剩余探明储量1.4亿立方米。据EIA数据，2015年厄立特里亚石油消费量18.8万吨。

据EIA数据，2015年吉布提石油消费量31.3万吨。

索马里油气资源匮乏。据《油气杂志》数据，2017年索马里天然气剩余探明储量56.6亿立方米。据EIA数据，索马里2015年石油消费量29.7万吨。

2. 主要含油气盆地

埃塞俄比亚主要含油气盆地包括：索马里盆地（Somali Basin）和东非裂谷东支的北部；厄立特里亚和吉布提分别扼红海盆地和亚丁湾南部盆地的一部分。索马里主要盆地为索马里盆地和亚丁湾南部盆地。

索马里盆地基底为前寒武纪强烈褶皱的变质岩。盆地经历了晚古生代至三叠纪的裂谷阶段（Karoo层系为代表）、早侏罗世—早白垩世的陆内裂谷阶段和晚白垩世至今的大陆边缘盆地阶段。Karoo层系主要为山前冲积扇相、河流相粗砂岩、湖相泥页岩等；中生界为大陆冲积相—海相沉积。古近系至新近系，盆地东部主要为陆相沉积。盆地烃源岩包括二叠系—三叠世的博卡（Bokh）页岩、 早侏罗世（Callovian to Oxfordian）Arandab组泥岩和泥灰岩、早侏罗世到白垩纪末发育的阿蒂哥莱特组潟湖相富含有机质泥岩等。盆地储层为二叠系Calub组砂岩、上三叠统和下侏罗统Adigrat组粉砂岩；Calub、Adigrat和Hamanlei（J_1^2普林斯巴阶—J_2^3卡洛夫阶）三套储层。其中波卡（Bokh）页岩过渡层中的哈曼雷硬石膏层和瓦冉达布页岩等，封闭性良好，厚度30～450米。

3. 主要油气田

埃塞俄比亚境内有九个油气藏（田），其中油藏（田）三个，气藏（田）六个，这些油气藏目前暂时没有商业性产量。索马里境内有五个油气藏（田），其中油藏（田）一个，气藏（田）四个，储量规模较大的是Afgoi 1气田。

厄立特里亚境内只有一个气田，为C-1气田，位于红海盆地。

卡鲁波（Calub）气田为埃塞俄比亚目前为止最为典型的气田。地处该国索马里州的Calub Hilala村附近，位于科亦黑市（K'orahe City）以南平距约80千米。该气田最初发现于20世纪50年代，圈闭为基底隆起上的大型背斜，圈闭面积约1 800平方千米，含气层约900万平方米。天然气甲烷含量89%～95%，凝析油比重0.75。Calub、Adigrat和Hamanlei三个层系中的波卡（Bokh）页岩、哈曼雷（Hamanlei）中硬石膏层和瓦冉达布（Arandab）页岩为气田盖层。这些盖层均为区域性分布，封闭性良好，厚度30～450米。 2017年Calub产气约10亿立方米及少量凝析油。探明天然气储量计300亿立方米，凝析油等储量20万吨。

4. 油气管道

埃塞俄比亚境内气管线总长2 163千米，均处于计划中或问题工程，还没有建成使用，其中两条分别通往肯尼亚和吉布提。厄立特里亚和吉布提境内无管线。

索马里境内没有油气管线。

5. 石油炼制和化工

埃塞俄比亚境内有八座炼厂；厄立特里亚境内有一座炼油厂，已关闭；吉布提境内有一座炼油厂，在建中。据美国《油气杂志》数据，2016年埃塞俄比亚原油加工能力为3 813.6万吨。

索马里境内有一座炼油厂，已关闭。

三、投资环境

1. 管理体制

埃塞俄比亚油气行业的监管机构是矿业部下属的石油许可证与管理核心流程部门，该部门负责监督管理埃塞俄比亚油气行业的全部事务；埃塞俄比亚没有国家石油公司。

厄立特里亚油气行业较不发达，没有明确的油气行业监管机构。

吉布提没有形成油气行业。

在索马里亚，油气行业由石油部下属的索马里亚石油局负责监管；实践中，这一监管职能由索马里亚石油公司具体承担。在索马里兰，矿产与能源部负责许可证授予、合同协商及其他监管职能。在邦特兰，邦特兰石油与矿产局负责油气行业的监管职能。

2. 石油法律法规

埃塞俄比亚油气行业主要适用的法律包括1986年发布的《石油经营公告》及1986年发布的《所得税公告（2000年修订）》。

厄立特里亚油气行业较不发达，没有明确的石油法律。油气活动通过产量分成合同进行规制。

吉布提没有专门的石油法律法规。

在索马里亚，油气行业适用的法律法规主要是2007年制定的《石油法》；新的石油法已经起草，但是至今尚未实施。在索马里兰，油气行业适用的法律法规主要是2000年制定的《索马里兰矿业法典与条例》。

在邦特兰，油气行业适用的法律法规主要是2008年制定的《矿产资源与石油开发法》。

3. 对外合作情况

在埃塞俄比亚较为活跃的石油公司有五家，包括协鑫油气公司、Africa Oil Cooperation、New Age、Southeast Energy、Gazprombank。协鑫油气公司是在埃塞尔比亚持有最多油气区块的外国石油公司，拥有包括奥加登地区的Calub和Hilala区块在内的10个区块。中国的中石油、中石化、保利集团、中化集团等均已合作参与了埃塞俄比亚油气勘探开发。

厄立特里亚油气对外合作仍处于萌芽阶段，外国石油公司进入该国较为有限。

吉布提尚未开展油气对外合作。

历史上，埃克森、壳牌、英国石油、埃尼、康菲等西方石油公司曾经进入索马里投资油气行业；当前，Soma Oil & Gas、Genel Energy、Ansan Wikfs、RAK Gas等中小石油公司相对活跃，但是由于受到安全风险的影响，实质性的勘探开发活动非常有限。此外，在索马里亚，新的石油法迟迟不能出台，也影响到了油气对外合作。

肯尼亚油气勘探开发形势图

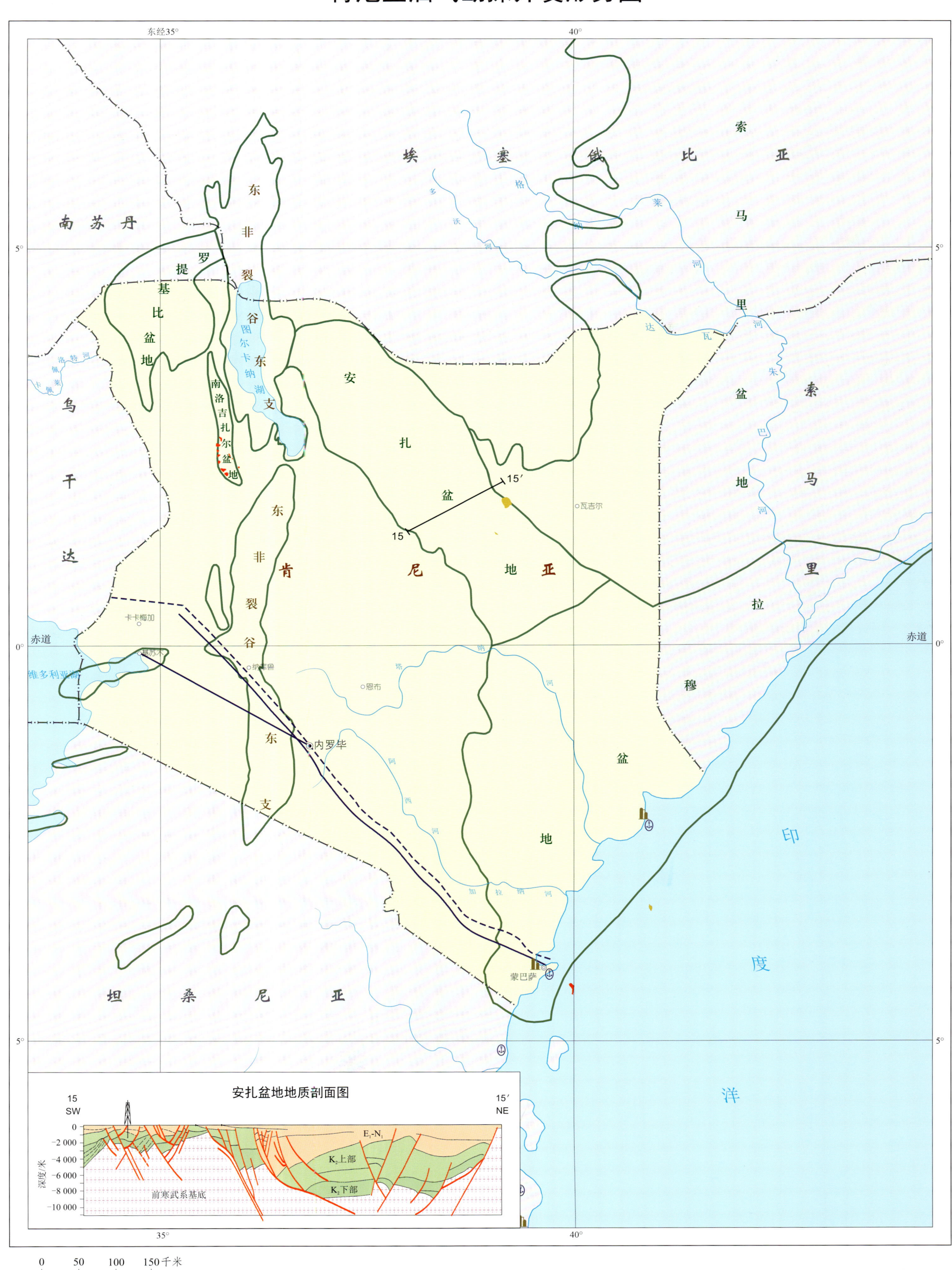

非洲各国油气勘探开发形势图

一、概况

肯尼亚共和国（The Republic of Kenya）面积582 646平方千米，人口5 095.09万（2019年1月）。位于非洲东部，赤道横贯其中部，东非大裂谷纵贯其南北。东邻索马里，南接坦桑尼亚，西连乌干达，北与埃塞俄比亚、南苏丹交界，东南濒临印度洋。全国共有44个民族，主要有基库尤族（17%）、卢希亚族（14%）、卡伦金族（11%）、卢奥族（10%）和康巴族（10%）等。此外，还有少数印巴人、阿拉伯人和欧洲人。斯瓦希里语为国语，与英语同为官方语言。全国人口的45%信奉基督教新教，33%信奉天主教，10%信奉伊斯兰教，其余信奉原始宗教和印度教。肯尼亚实行总统制。本届内阁成立于2018年2月，由总统、副总统、各部部长共24名成员组成。

肯尼亚是撒哈拉以南非洲经济基础较好的国家之一。农业、服务业和工业是国民经济三大支柱，茶叶等农产品、旅游、侨汇是三大创汇来源。工业门类较齐全，日用品基本自给。2010年以来，肯尼亚政府采取了一系列促进经济增长的政策，经济呈现较好发展势头。但贫困率和失业率仍然较高，均在40%上下。2015年肯尼亚出台《国家工业化发展规划》和《经济特区法》，大力加强基础设施建设，重视油气资源及地热、太阳能等新能源开发，积极推进工业化进程和经济转型。2017年主要经济数据如下：

国内生产总值：749亿美元；

人均国内生产总值：1 508美元；

经济增长率：4.9%；

货币名称：肯尼亚先令；

汇率：1美元≈103.2肯尼亚先令；

通货膨胀率：4.5%；

外债总额：274.6亿美元；

外汇储备：73.5亿美元。

二、石油工业基本情况

1. 油气资源量、储量、产量和供需情况

据USGS 2012年评价数据，肯尼亚的油待发现资源量19 584万吨，气待发现资源量875亿立方米。据CIA数据，2017年肯尼亚石油剩余探明储量10 714万吨。据EIA数据，肯尼亚2015年石油消费量485万吨。

2. 主要含油气盆地

肯尼亚的主要含油气盆地包括：东非裂谷东支、索马里盆地、拉穆盆地、安扎（Anza）盆地、南洛吉扎尔（South Lokichar）盆地等。

南洛吉扎尔盆地又称为图尔卡纳盆地（Turkana Basin）。位于图尔卡纳湖西侧，为东非大裂谷的一个分支。盆地基底为前寒武系片麻岩等、花岗岩等。基底上沉积有石炭系—下三叠统河湖相的卡鲁群（Karoo Group），下三叠统局部发育有偶见的煤层及广布的黑色页岩，是盆地好的烃源岩。中侏罗世—早白垩世，发育有陆相砂岩、泥砂岩，是好的储层；始新世—渐新世，为陆相河流、三角洲、泛滥平原相沉积，局部以泥页岩为主，属于好的盖层。2014年，图洛石油（Tullow Oil）公司在肯尼亚图尔卡纳县境内13T、10BB两个石油区块发现了厚达20米的含油层。2015年，非洲石油（Africa Oil）在该盆地Ngamia-8井发现200米厚油层，在Ekales-2井发现60~100米厚油层，在Amosing 4井发现27米厚油层。预计南洛吉扎尔盆地可采石油储量为7亿桶（约1亿吨）。

3. 主要油气田

肯尼亚境内有20个油气藏（田），其中油藏（田）15个、气藏（田）5个，大部分位于东非裂谷东支的洛基恰尔海槽，没有在产的油气田。

4. 油气管道

肯尼亚境内油气管线总长1 875千米。

5. 石油炼制和化工

肯尼亚有两座炼油厂，其中一座运营中。据美国《油气杂志》数据，2016年肯尼亚原油加工能力是320万吨。

三、投资环境

1. 管理体制

能源与石油部是肯尼亚油气行业的监管机构。

2. 石油法律法规

肯尼亚油气行业主要适用的石油法律法规为1986年《石油（勘探和生产）法案》，2012年该法案得到修订。一项新法案，即2014年《石油（勘探和生产）法案》正在起草中，计划在2018~2019年出台。

3. 对外合作情况

肯尼亚油气行业吸引到了道达尔、埃尼等西方石油巨头及一批独立石油公司。然而，受到交通运输等方面的限制，肯尼亚迟迟没有实现油气商业化开发。10BB区块和13T区块是肯尼亚仅有的从勘探转开发的油气区块，有望率先得到商业化开发。

刚果（金）、中非、乌干达、卢旺达、布隆迪油气勘探开发形势图

非洲各国油气勘探开发形势图

一、概况

刚果民主共和国（The Democratic Republic of the Congo）简称刚果（金），面积2344885平方千米，人口8264.36万（2019年1月）。地处非洲中部，东邻乌干达、卢旺达、布隆迪、坦桑尼亚，南接赞比亚、安哥拉，北连南苏丹和中非，西隔刚果河与刚果（布）相望。全国有254个民族。法语为官方语言，官方承认的民族语言为林加拉语（Lingala）、斯瓦希里语（Swahili）、基孔果语（Kikongo）和契卢巴语（Kiluba）。居民50%信奉罗马天主教，20%信奉基督教新教，10%信奉伊斯兰教，其余信奉各种本土原始宗教。2006年2月18日，卡比拉总统颁布了《新宪法》，规定：国家机构由总统、政府、国民议会、参议院和法院组成。总统由全国直选产生，任期五年，可连任一届，负责维护宪法尊严、国家独立主权和领土安全，在议会监督和政府参与下，保障国家机构正常运行。刚果（金）是联合国公布的世界最不发达国家之一。农业、采矿业占经济主导地位，加工工业不发达，粮食不能自给。2006年12月卡比拉当选总统后，刚果（金）新政府继续奉行稳健的经济政策，并启动国家重建计划和"五大工程"，宏观经济继续保持恢复性增长。刚果（金）外债负担沉重，主要债权人为巴黎俱乐部、国际货币基金组织和世界银行。2017年主要经济指标估算如下，国内生产总值：404.38亿美元；人均国内生产总值：507.38美元；经济增长率：3.0%；货币名称：刚果法郎（Franc Congolais，FC）；汇率：1美元=1464.4刚果法郎；通货膨胀率：53.5%；外债：49.63亿美元。

中非共和国（The Central African Republic）面积62.3万平方千米，人口500万（2016年）。东接苏丹，南界刚果（布）、刚果（金），西连喀麦隆，北邻乍得。全国共有60多个民族，主要有巴雅、班达、班图、桑戈等。官方语言为法语、桑戈语。居民约50%信奉基督教，约15%信奉伊斯兰教，其余信奉原始宗教。1994年宪法规定，实行三权分立和多党民主制。总统为国家元首和武装部队总司令，由直接选举产生，任期五年。中非是联合国公布的世界最不发达国家之一。经济以农业为主，工业基础薄弱，80%以上的工业品靠进口。木材、钻石、棉花、咖啡是经济四大支柱。2016年图瓦德拉总统就职以来，中非局势再次动荡，经济遭受重创，政府财政极度困难。2016年图瓦德拉总统就职以来，重视经济发展，积极争取国际援助，重点发展农业，优先保障饮用水、能源、教育、卫生、交通等基础设施服务，鼓励私营企业发展带动青年就业。总体经济形势有所好转。2017年主要经济数据估算如下，国内生产总值：19.92亿美元；人均国内生产总值：398美元；经济增长率：4.2%；货币名称：中非金融合作法郎（FCFA，简称非洲法郎）；汇率：1美元=593非洲法郎；通货膨胀率：6.5%。

乌干达共和国（The Republic of Uganda）面积241550平方千米，人口4427.06万（2019年1月）。位于非洲东部，地跨赤道的内陆国。东邻肯尼亚，南与坦桑尼亚和卢旺达交界，西与刚果（金）接壤，北与南苏丹毗连。全国约有65个民族。按语言划分，有班图人、尼罗人、尼罗-闪米特人和苏丹人四大族群。每个族群由若干民族组成。官方语言为英语和斯瓦希里语，通用乌干达语等地方语言。居民主要信奉天主教（占总人口45%）、基督教新教（40%）、伊斯兰教（11%），其余信奉东正教和原始拜物教。1995年10月8日正式颁布实施新宪法，2005年11月和2017年12月两次修改。规定总统由直接选举产生，任期七年（还需全民公投通过），只能连任一届。乌干达农牧业在国民经济中占主导地位，分别占国内生产总值的70%和出口收入的95%，粮食自给有余。工业落后，企业数量少、设备老、开工率低。对外贸易在乌干达经济中占重要地位。是联合国公布的世界最不发达国家之一。2015年6月发布《2015～2020年国家发展计划》，为今后五年国家发展确定了总体目标。2017年主要经济数字如下，国内生产总值（GDP）：270.12亿美元；国内生产总值增长率：6.4%；人均国内生产总值：629.7美元；通货膨胀率：5.6%；外债总额：116亿美元；外汇储备：36.54亿美元；货币名称：乌干达先令；汇率：1美元=3620乌干达先令。

卢旺达共和国（The Republic of Rwanda）面积26338平方千米，人口1250.12万（2019年1月）。位于非洲中东部赤道南侧，内陆国家。东连坦桑尼亚，南界布隆迪，西、西北和刚果（金）为邻，北与乌干达接壤。由胡图（85%）、图西（14%）和特瓦（1%）三个部族组成。官方语言为卢旺达语、英语、法语和斯瓦希里语。国语为卢旺达语，部分居民讲斯瓦希里语。居民56.5%信奉天主教，26%信奉基督教新教，4.6%信奉伊斯兰教。2017年8月，卢旺达举行总统大选，卡加梅以98.79%的得票率胜选连任，任期七年。卢旺达是联合国公布的世界最不发达国家之一。经济以农牧业为主，粮食不能自给。2002～2012年，卢旺达经济年均增长率超过8%，近几年有所回落。2017年主要经济指标估算如下，国内生产总值：89亿美元；人均国内生产总值：742美元；经济增长率：6.1%；货币名称：卢旺达法郎（简称卢郎）；汇率：1美元=831卢郎。

布隆迪共和国（The Republic of Burundi）面积27834平方千米，人口1121.65万（2019年1月）。位于非洲中东部赤道南侧。北与卢旺达接壤，东、南与坦桑尼亚交界，西与刚果（金）为邻，西南濒坦噶尼喀湖。由胡图（84%）、图西（15%）和特瓦（1%）三个部族组成。官方语言为基隆迪语和法语，国语为基隆迪语，部分居民讲斯瓦希里语。居民中61%信奉天主教，24%信奉基督教新教，3.2%信奉原始宗教，其余信奉其他宗教或不信奉。2015年年初以来，布隆迪各方因大选问题产生严重分歧，国内局势趋于紧张，并曾于5月发生未遂军事政变。2018年5月，布隆迪举行公投高票通过修宪草案，主要内容包括：总统任期从五年延长至七年，可连任一次；政体从总统制变为半总统议会制；将两位副总统改为一位副总统和一位总理，均由总统任命。布隆迪属于农牧业国家。20世纪90年代以来，布隆迪战乱频仍，局势动荡。2015年初以来，因国内局势紧张，外援大幅减少，布隆迪经济状况急剧恶化。2017年主要经济指标估算如下，国内生产总值：35亿美元；人均国内生产总值：333美元；经济增长率：-0.8%；货币名称：布隆迪法郎（简称布郎）；汇率：1美元=1729布郎；通货膨胀率：16.1%。

二、石油工业基本情况

1. 油气资源量、储量、产量和供需情况

据USGS 2012年评价数据，刚果（金）的油待发现资源量1213万吨，气待发现资源量55亿立方米。据《油气杂志》数据，2017年刚果（金）石油剩余探明储量2465.8万吨，天然气剩余探明储量9.9亿立方米；石油产量100万吨。据EIA数据，刚果（金）2016年石油产量104.3万吨，2015年石油消费量125万吨，天然气消费量188亿立方米。据CIA数据，刚果（金）2014年原油出口贸易量104.2万吨。

据USGS 2012年评价数据，中非油待发现资源量2100万吨，气待发现资源量75亿立方米。据EIA数据，中非2015年石油消费量15.6万吨。

据《油气杂志》数据，卢旺达2017年天然气剩余探明储量566亿立方米。据EIA数据，卢旺达2016年石油产量0.05万吨，2015年石油消费量31.3万吨。

据《油气杂志》数据，乌干达2017年石油剩余探明储量34246.6万吨，天然气剩余探明储量141.5亿立方米。据EIA数据，乌干达2015年石油消费量140.8万吨。

据EIA数据，布隆迪2015年石油消费量7.8万吨。

2. 主要含油气盆地

刚果（金）的主要含油气盆地包括：刚果盆地（Congo Basin）、东非裂谷西支、下刚果-刚果扇盆地。中非的含油气盆地为多赛奥盆地。布隆迪、卢旺达的含油气盆地为东非裂谷西支。乌干达的含油气盆地为东非裂谷东支和东非裂谷西支。

刚果盆地（Congo Basin）为全球陆上最大、勘探程度最低的沉积盆地，又称扎伊尔盆地（Zaire Basin），地质意义上的盆地面积超过150万平方千米。该盆地分布于刚果（金）、刚果（布）、安哥拉、中非四国。近年的地震资料重解译可划分出不同沉积层序：新元古界文德系（Vendian）碳酸盐岩和蒸发岩、寒武系海相碎屑岩、奥陶系—泥盆系的海相砂岩与页岩互层、石炭系—二叠系的卡鲁群（Karoo Group）、中生界—新生界的海相碎屑岩及晚期的陆相碎屑岩系。盆地多层系均为较好的烃源岩，尤以泥盆系页岩生烃潜力最大。多套层系均可成为油气藏储层，包括新元古界的Ituri群生物礁、寒武系—奥陶系Bobwamboli群粗砂岩、志留系—泥盆系Aruwimi群滨岸相砂坝、上石炭统—下侏罗统的卡鲁群、上侏罗统—下白垩统的裂谷前三角洲相砂岩及新生界的碎屑岩等，储层厚度累计超过1000米。盆地盖层为渐新世—中新世的页岩、泥岩和蒸发岩。盆地的油气藏圈闭推测为岩性圈闭、背斜构造圈闭等。

3. 主要油气田

刚果（金）境内有20个油藏（田），均位于下刚果-刚果扇盆地，其中18个为在产油田。

乌干达境内有18个油藏（田），均位于东非裂谷西支的阿尔伯丁地堑。

4. 油气管道

刚果（金）境内管线总长3631千米；一条成品油管线从赞比亚到刚果（金），为成品油管线，长217千米。

乌干达有六条油管线，其中三条在乌干达，另外三条分别为肯尼亚到乌干达的Eldoret—Kampala成品油管线、乌干达到肯尼亚的Lake Albert—Lokichar—Lamu油管线、乌干达到卢旺达的Kampala—Kigali成品油管线。

5. 石油炼制和化工

刚果（金）有一座炼油厂，暂时关闭。乌干达有两座炼油厂，分别是Kampala和Kabale-Buseruka炼油厂，前者已废除，后者为设计中，设计年原油加工能力为156万吨。

中非、卢旺达、布隆迪这三个国家没有炼油厂。

三、投资环境

1. 管理体制

在刚果（金），碳氢化合物部是油气行业的主要监管机构。

中非未形成油气行业，也没有专门的管理体制。

在乌干达，能源与矿产开发部通过石油勘探生产局对油气行业上游履行监管、控制和监督职责。2013年，乌干达政府成立了乌干达石油局，作为新的管理机构，双方的移交工作尚在进行当中。

卢旺达未形成油气行业，也没有专门的管理体制。

布隆迪未形成油气行业，也没有专门的管理体制。

2. 石油法律法规

在刚果（金），油气行业主要适用的法律法规包括1967年《采矿法》和1981年相关法令。

在中非，油气行业尚未形成，也没有专门适用的石油法律法规。

在乌干达，油气行业主要适用的法律法规为2013年《石油（勘探、开发和生产）法案》。

在卢旺达，油气行业尚未形成，也没有专门适用的石油法律法规。

在布隆迪，油气行业尚未形成，也没有专门适用的石油法律法规。

3. 对外合作情况

在刚果（金），Perenco公司运营着全部陆上油气区块、全部的在产油气区块，它的合作伙伴包括INPEX和雪佛龙。道达尔拥有区块的总面积最大。

中非油气对外合作十分有限。

在乌干达，道达尔、中海油、Tullow Oil是最主要也是最重要的外国石油公司，是未来实现油气商业化开发的关键力量。

卢旺达和布隆迪油气对外合作十分有限。

坦桑尼亚油气勘探开发形势图

一、概况

坦桑尼亚联合共和国（The United Republic of Tanzania）面积94.5万平方千米，人口5909.14万（2019年1月）。位于非洲东部、赤道以南。北与肯尼亚和乌干达交界，南与赞比亚、马拉维、莫桑比克接壤，西与卢旺达、布隆迪和刚果（金）为邻，东濒印度洋。分属126个民族，人口超过100万的有苏库马、尼亚姆维奇、查加、赫赫、马康迪和哈亚族。另有一些阿拉伯人、印巴人和欧洲人后裔。斯瓦希里语为国语，与英语同为官方通用语。坦噶尼喀（大陆）居民中32%信奉天主教和基督教，30%信奉伊斯兰教，其余信奉原始拜物教；桑给巴尔居民几乎全部信奉伊斯兰教。国内革命党长期执政，政局稳定。2015年10月，马古富力当选总统。

坦桑尼亚是联合国宣布的世界最不发达国家之一。经济以农业为主，平年粮食勉强自给。工业生产技术低下，日常消费品需进口。2016年出台《国家发展规划五年计划（2016～2020年）》，将工业经济成型、经济和人力发展整合、创造良好的营商投资环境和加强监管确定为四大优先发展领域。近十年，坦桑尼亚经济平均增长率约7%，在撒哈拉以南非洲名列前茅，制造业、矿业和旅游业发展强劲，外国直接投资存量持续增长。但经济结构单一、基础设施落后、发展资金和人才匮乏等长期阻碍经济发展的问题仍然存在。2017年主要经济数字如下，

国内生产总值（GDP）：518.03亿美元；

国内生产总值增长率：6.4%；

人均国内生产总值：904.1美元；

通货膨胀率：4.4%；

外债总额：176.34亿美元；

外汇储备：53.01亿美元；

汇率：1美元=2230坦桑尼亚先令。

二、石油工业基本情况

1. 油气资源量、储量、产量和供需情况

据USGS 2012年评价数据，坦桑尼亚的油待发现资源量23 377万吨，气待发现资源量6 842亿立方米。据《油气杂志》数据，2017年坦桑尼亚天然气剩余探明储量65.1亿立方米。据EIA数据，坦桑尼亚2016年石油产量0.05万吨，2015年石油消费量300万吨。据CIA数据，坦桑尼亚2015年天然气产量11亿立方米。

2. 主要含油气盆地

坦桑尼亚的主要含油气盆地包括：坦桑尼亚海岸盆地（Tanzania Coastal Basin）、索马里盆地、拉穆盆地、东非裂谷东支、安扎盆地。

坦桑尼亚海岸盆地又译为坦桑尼亚滨海盆地。面积近20万平方千米。盆地发育经过三个裂谷阶段和一个热沉降阶段。内陆（卡鲁）裂谷阶段沉积有二叠系—三叠系卡鲁群大陆河流和湖相沉积；早侏罗世裂谷阶段充填了有机质丰富的页岩和蒸发岩。晚侏罗世—早白垩世裂谷阶段为早期正断层重新活动和盆地区域性隆起期。晚白垩世—新近纪被动边缘形成热沉降阶段，发育上白垩统-古近系海相-三角洲沉积。盆地自寒武系、三叠系直至新生界都可以是好的储层，尤其是下侏罗统Mbuo组黑岩是重要的烃源岩。$R°$测量分析结果表明，烃源岩的成熟度为不成熟-过成熟，局部差异大。盆地的油气圈闭复杂，包括底辟背斜圈闭、反转背斜圈闭、不整合地层圈闭及古近系的岩性圈闭等。盆地于白垩纪进入大量生烃阶段，更新世之后主要生气。

USGS 2016年数据显示，约25万平方千米的Tanzania Coastal Province中新生界含油气系统的石油待发现资源量为28.06亿桶（3.56亿吨），天然气待发现资源量为711 070亿立方英尺（20 120.83亿立方米），天然气液待发现资源量为22.12亿桶（3.02亿吨）。USGS 2012年待发现资源量评价结果为：石油待发现资源量42.14亿桶（5.75亿吨），天然气待发现资源量57 380.2亿立方英尺（1 623.66亿立方米），天然气液待发现资源量26.31亿桶（3.59亿吨）。2016年与2012年评价结果相比，天然气待发现资源量增加，其他待发现资源量减少，显示出近几年对坦桑尼亚海岸盆地的天然气资源勘探开发潜力认识的更加乐观。

3. 主要油气田

坦桑尼亚境内有29个气田，主要位于坦桑尼亚盆地，其中在产油田有四个，目前年产量最大的是Songo Songo气田，2016年其年产量为8.5亿立方米。

Songo Songo气田，于1983年发现。位于基卢瓦基温杰市（Kilwe Kivinje City）北50千米处，距海岸15km，水深小于200米。储层为白垩系Kipatimu组砂岩，砂岩孔隙度10%~30%。气田内构造控制着成藏，下伏侏罗系陆相盐岩层形成犁形断裂；盖层为晚白垩世Ruaruke组泥岩。滚动背斜圈闭。日产天然气7万立方米，预测天然气储量为550亿立方米至850亿立方米，探明天然气储量33.25亿立方米。

4. 油气管道

坦桑尼亚境内管线总长6404千米。

5. 石油炼制和化工

坦桑尼亚有两座炼油厂，其中一个已关闭，另一个计划中。计划中的炼油厂Kisiju年设计原油加工能力521万吨。

三、投资环境

1. 管理体制

2015年前，坦桑尼亚国家石油公司负责油气行业上游的监管职能。2015年，坦桑尼亚国家石油公司改组，剥离出一个新的独立的监管机构——石油上游监管局，承担起油气行业上游的监管职能。

2. 石油法律法规

坦桑尼亚油气行业适用的主要石油法律法规包括：2015年《石油法》和2013年《天然气政策》。2013年，《天然气政策》的出台为坦桑尼亚天然气资源的开发利用制定了指导方针，为天然气加工、液化、运输、储存和分销提供了管理框架。2017年，国会通过了两项立法——《自然财富和资源法》《资源合同法》，允许政府强制矿业和能源公司重新协商合同，对投资者不利。

3. 对外合作情况

坦桑尼亚是东非深水天然气大发现的所在资源国之一，2000年以来，坦桑尼亚政府开展了多轮对外合作招标。有多个天然气发现，主要位于深水海域，其中天然气可采储量超过1Tcf（约283亿立方米）的气藏有Tangawizi 1、Ngisi 1、Mronge 1、Piri 1、Taachui 1ST和Mdalasini 1。2010年以来，BG联合团队、Statoil联合团队商定共同建设陆上液化天然气项目，以实现各自深水天然气的商业化开发，并充分发挥协同效应降低项目推进难度，但预计2022年以前不会做出最终投资决定。Statoil、壳牌（收购了BG）、埃克森、Ophir Energy、Pavilion Energy是坦桑尼亚最重要的外国石油公司，是未来实现深水天然气商业化开发的关键力量。

赞比亚、博茨瓦纳、津巴布韦油气勘探开发形势图

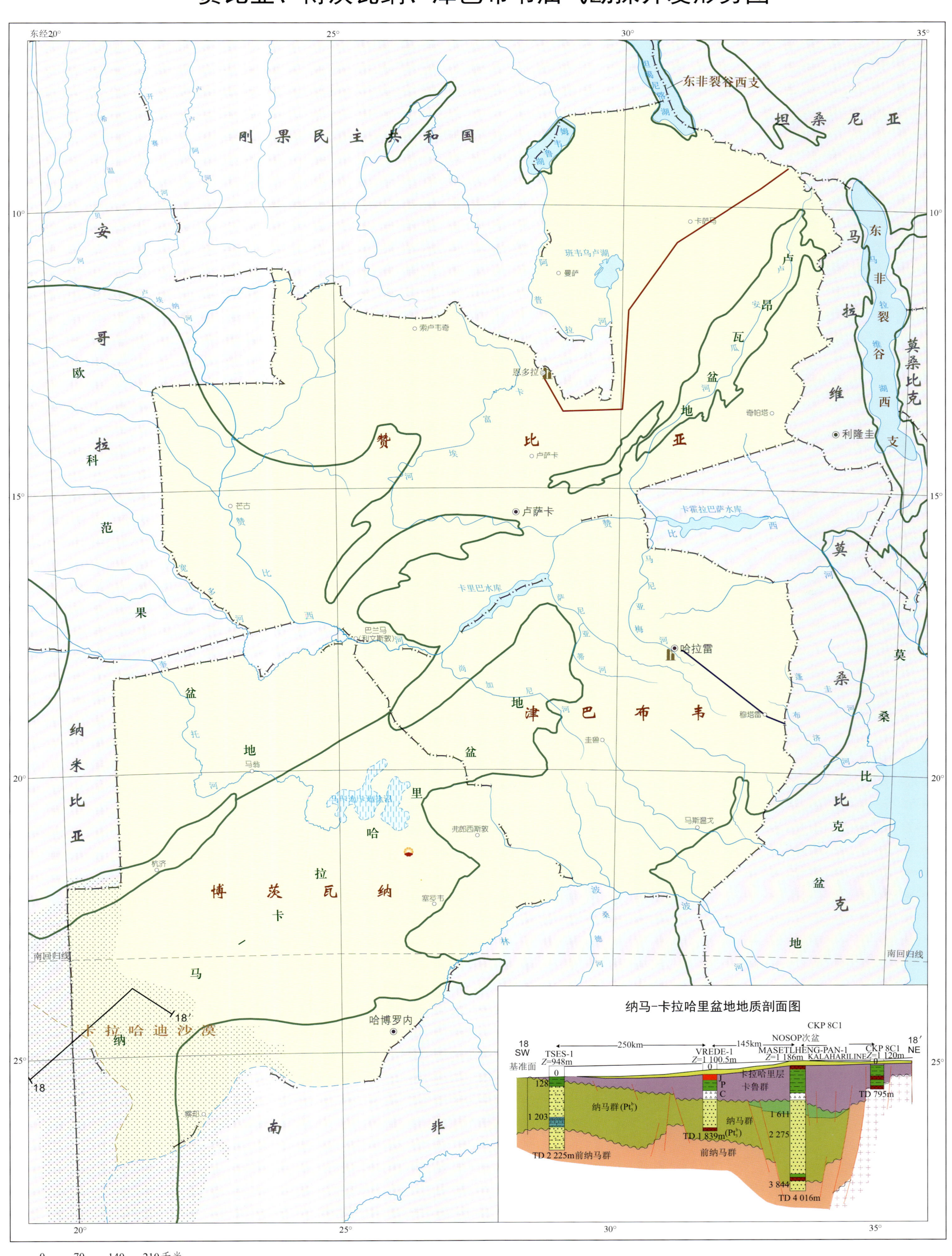

非洲各国油气勘探开发形势图

一、概况

赞比亚共和国（The Republic of Zambia）面积752 614平方千米，人口1 760.92万（2019年2月），大多属班图语系黑人。非洲中南部内陆国家，东接马拉维、莫桑比克，南接津巴布韦、博茨瓦纳和纳米比亚，西邻安哥拉，北靠刚果（金）及坦桑尼亚。有73个民族，奔巴族为最大民族，约占全国人口的33.6%。官方语言为英语，另有31种部族语言。80%的人信奉基督教和天主教。实行总统内阁制。总统为国家元首、政府首脑兼武装部队总司令，由全民选举产生，任期五年，可连选连任一次。经济主要包括农业、矿业和服务业，其中以铜开采和冶炼为主体的矿业占重要地位。2008年受国际金融危机影响，矿业遭受较大冲击，经济下滑。2009年后经济明显复苏。2011年，世界银行将赞比亚列入低水平中等收入国家。2014年至2016年，赞比亚货币贬值、债务上升、粮食减产、电力短缺等发展困难和挑战增多，经济内生动力不足问题凸显。2017年主要经济指标如下（数据来源为《经济季评》），国内生产总值：258亿美元；人均国内生产总值：1 555美元；经济增长率：4.1%；汇率（2018年6月）：1美元≈10克瓦查；通货膨胀率：6.1%；外汇储备：20.8亿美元。

博茨瓦纳共和国（The Republic of Botswana）面积581 730平方千米，人口233.32万（2019年1月）。平均海拔1 000米左右。东接津巴布韦，西连纳米比亚，北邻赞比亚，南界南非。主要民族有恩瓦托、昆纳、恩瓦凯策和塔瓦纳等，其中恩瓦托族最大，约占人口的40%。另有数万欧洲人和亚洲人。官方语言为英语，通用语言为茨瓦纳语和英语。多数居民信奉基督教，农村地区部分居民信奉传统宗教。1966年9月30日宣布独立，定名为博茨瓦纳共和国，仍留在英联邦内，实行多党制。2018年4月1日，原副总统莫克韦齐·马西西接替任期届满的卡马总统，就任博茨瓦纳独立以来第五任总统。博茨瓦纳是非洲经济发展较快、经济状况较好的国家之一。钻石业是其经济支柱，产值约占国内生产总值的三分之一。畜牧业是传统产业，制造业落后，近年来旅游业发展较快，成为新兴产业。2017年主要经济数据如下（资料来源：《伦敦经济季评》），国内生产总值（GDP）：174.07亿美元；人均国内生产总值：7 568美元；经济增长率：2.4%；货币名称：普拉；汇率：1美元≈10.35普拉；通货膨胀率：3.2%。

津巴布韦共和国（The Republic of Zimbabwe）面积39万平方千米，人口1 691.33万（2019年1月）。东邻莫桑比克，南接南非，西和西北与博茨瓦纳、赞比亚毗邻。主要有绍纳族（占84.5%）和恩德贝莱族（占14.9%）。官方语言、绍纳语和恩德贝莱语。58%的居民信奉基督教，40%信奉原始宗教，1%信奉伊斯兰教。独立后，政局曾长期稳定。2017年11月，津巴布韦政局发生突变，穆加贝在各方压力下辞去总统职务，姆南加古瓦就任总统。津巴布韦于2018年7月30日举行总统、议会和地方政府"三合一"选举。自然资源丰富，工农业基础较好，正常年景粮食自给有余，曾为世界第三大烟草出口国。2017年12月，姆南加古瓦政府成立后，努力建设"经济新秩序"，宏观经济状况有所好转，但仍面临诸多困难。2017年主要经济指标如下（数据来自经济季评），国内生产总值：172亿美元；经济增长率：2.9%；人均国内生产总值：1 065美元；货币：自2009年2月起废除本国货币津巴布韦元，改为流通美元、南非兰特、欧元等九种货币。2016年11月发行债券货币，仅在津巴布韦国内流通，面额与美元等值；通货膨胀率：3.8%；外汇储备：4.39亿美元；外债总额：104亿美元。

二、石油工业基本情况

1. 油气资源量、储量、产量和供需情况

据EIA数据，赞比亚2016年石油产量1.03万吨，2015年石油消费量120万吨。

据CIA数据，赞比亚2014年原油进口58.4万吨。

据IHS数据，博茨瓦纳2016年天然气剩余探明储量18.5亿立方米。据EIA数据，博茨瓦纳2015年石油消费量120万吨。

据EIA数据，津巴布韦2016年石油产量0.62万吨，2015年石油消费量151万吨。

2. 主要含油气盆地

赞比亚的主要含油气盆地为东非裂谷西支、卢昂瓦盆地等；博茨瓦纳的含油气盆地为纳马-卡拉哈里盆地；津巴布韦的主要含油气盆地包括莫桑比克盆地和纳马-卡拉哈里盆地。

纳马-卡拉哈里盆地面积约61.7平方千米，是一个多期发育的克拉通拗陷盆地。新元古代—早古生代、晚古生代—早侏罗世、白垩纪至今三个时期是主要的拗陷沉降期；虽然沉降期长，但沉降幅度和沉积厚度小，主要沉积了纳马群、卡鲁群和卡拉哈里群三个层系，以河流相-河湖相砂泥岩沉积为主，夹火山岩。新元古界和二叠系发育可能的烃源岩，纳马群和卡鲁群发育多套储层，并见油气显示。

3. 主要油气田

博茨瓦纳境内有三个气田，均为评估状态。最大的是NEB352-1-055气田，探明可采储量是148万吨。

赞比亚和津巴布韦境内没有油气田。

4. 油气管道

津巴布韦境内油气管线总长647千米。

赞比亚境内油管线总长3 645千米。

5. 石油炼制和化工

赞比亚有两个炼油厂，其中一个在运营。据美国《油气杂志》数据，2016年赞比亚原油加工能力为120万吨。

津巴布韦有两个炼油厂，均为在建中，其设计年原油加工能力分别为52万吨和626万吨。

博茨瓦纳境内没有炼油厂。

三、投资环境

1. 管理体制

赞比亚的油气行业尚未形成，缺少较为成熟的、专门的油气行业管理体制，目前赞比亚矿业部负责向外国石油公司颁发石油天然气勘探许可证。

博茨瓦纳的油气行业尚未形成，缺少较为成熟的、专门的油气行业管理体制。

津巴布韦的油气行业尚未形成，缺少较为成熟的、专门的油气行业管理体制。

2. 石油法律法规

赞比亚油气行业适用的石油法律法规主要是2008年《石油法》。

博茨瓦纳油气行业适用的石油法律法规主要是1983年《石油法》。

津巴布韦尚未建立起适用的石油法律法规。

3. 对外合作情况

赞比亚油气对外合作展开较晚，2011年才开始向外国石油公司颁发石油天然气勘探许可证，吸引到包括Tullow Oil在内的中小型石油公司的积极参与。

博茨瓦纳油气对外合作十分有限。

津巴布韦油气对外合作十分有限。

莫桑比克、马拉维油气勘探开发形势图

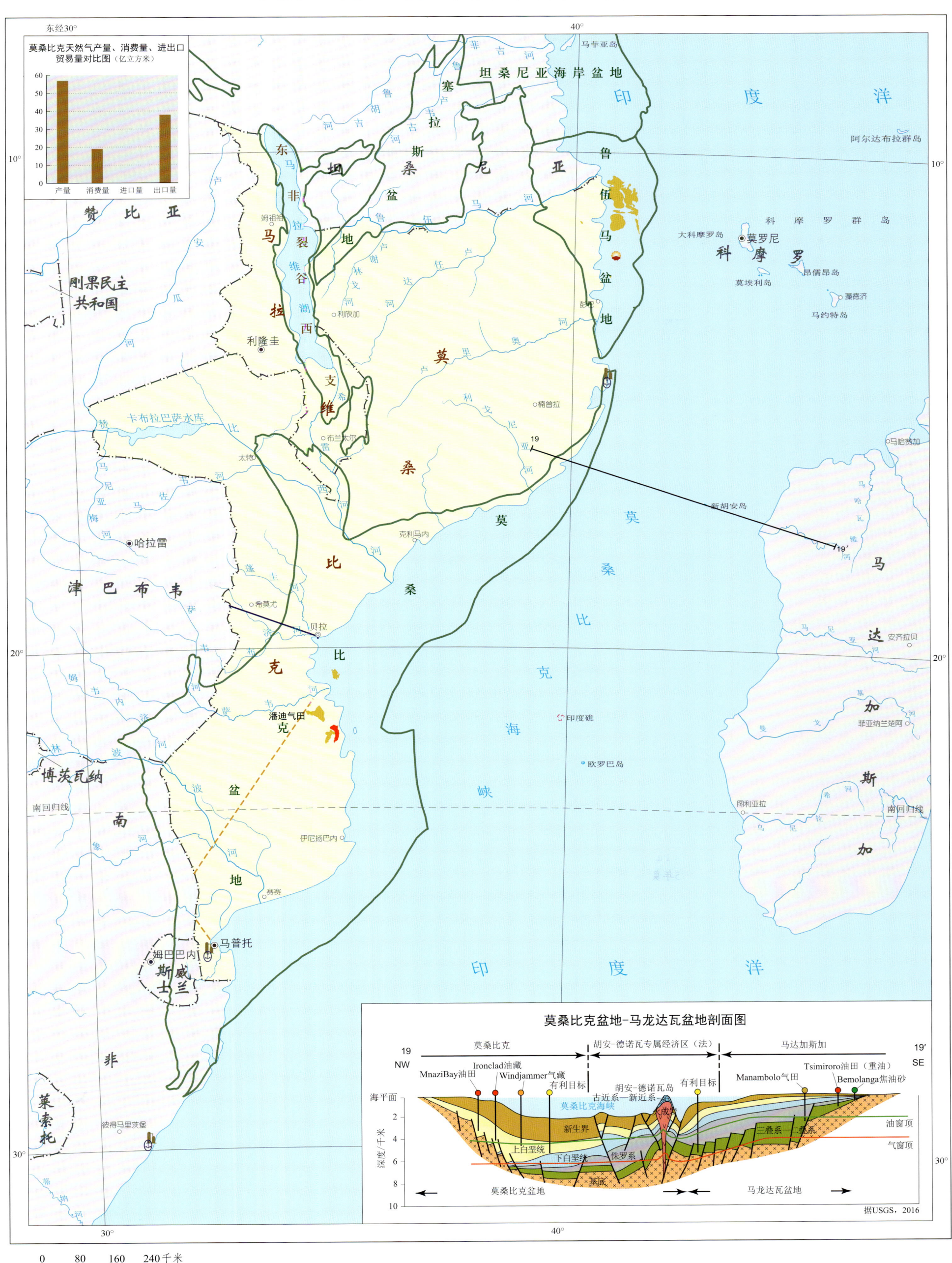

一、概况

莫桑比克共和国（The Republic of Mozambique）面积799 380平方千米，人口2 886万（资料来源：2017年莫桑比克国家统计局）。位于非洲东南部。南邻南非、斯威士兰，西界津巴布韦、赞比亚、马拉维，北接坦桑尼亚，东濒印度洋，隔莫桑比克海峡与马达加斯加相望。主要民族有马库阿-洛姆埃族（约占总人口的40%）、绍纳-卡兰加族、尚加纳族、佐加族、马拉维-尼扬加族、马孔德族和尧族等。官方语言为葡萄牙语，各大民族有自己的语言，绝大多数属班图语系。28.4%的居民信奉天主教，17.9%信奉伊斯兰教，其他多信仰原始宗教和基督教新教。1992年恢复和平以来，莫桑比克政局长期稳定，政府积极维护民族团结，内外政策较为稳妥务实。2017年5月，莫桑比克政府与莫桑比克全国抵抗运动同意无限期停火，并积极展开政治对话。目前莫桑比克形势基本稳定。莫桑比克为农业国，是联合国宣布的世界最不发达国家和重债穷国。独立后因受连年内战、自然灾害等因素的影响，经济长期困难。2017年以来，随着莫桑比克北部鲁伍马盆地（Rovuma）海上天然气4区块项目正式启动，莫桑比克经济形势有所好转。目前，莫桑比克宏观经济总体平稳，主要大国和国际金融机构仍看好其长期发展前景。2017年主要经济指标如下，国内生产总值：113.47亿美元；人均国内生产总值：393.2美元；经济增长率：3.7%；外汇储备：33亿美元；外债总额：98.9亿美元；货币名称：梅蒂卡尔（Metical）；汇率：1美元≈60.55梅蒂卡尔。

马拉维共和国（The Republic of Malawi）面积118 484平方千米，人口1 809万（2016年）。非洲东南部内陆国家，与莫桑比克、赞比亚、坦桑尼亚为邻。绝大多数为班图语系黑人。主要民族有尼昂加族、契瓦族和尧族。官方语言为英语和奇契瓦语。约82%的居民信奉基督教新教和天主教，13%信奉伊斯兰教，其余信奉原始宗教。实行总统内阁制。总统为国家元首、政府首脑和武装部队总司令，由全国普选产生，任期五年，可以连任一次。马拉维为农业国，全国约86%人口从事农业，经济十分落后，是联合国确定的最不发达国家，经济发展严重依赖外援。2015年以来，受厄尔尼诺现象影响旱涝灾害频仍，传统产粮区损失严重，对马拉维粮食生产及经济发展冲击较大。2017年马拉维主要经济数据如下，国内生产总值（GDP）：62.23亿美元；人均国内生产总值：344美元；经济增长率：4.8%；货币名称：克瓦查（Kwacha）；年均汇率：1美元≈715克瓦查。

二、石油工业基本情况

1. 油气资源量、储量、产量和供需情况

据USGS 2012年评价数据，莫桑比克的油待发现资源量59 347万吨，气待发现资源量6 842亿立方米。据《油气杂志》数据，2017年莫桑比克天然气剩余探明储量2.7万亿立方米。据CIA数据，莫桑比克2015年天然气产量57亿立方米，2015年天然气消费量19亿立方米，2015年天然气出口贸易量38亿立方米。

据EIA数据，马拉维2016年石油产量为1万吨，2015年石油消费量35万吨。据CIA数据，马拉维2015年炼油产品进口36万吨，炼油产品消费36万吨。

2. 主要含油气盆地

莫桑比克和马拉维的主要含油气盆地包括：莫桑比克盆地、东非裂谷西支、鲁伍马盆地。

莫桑比克盆地（Mozambique Basin）位于莫萨比克东南部，面积30万平方千米。1951～1961年BP公司在该盆地发现了潘迪（Pande）气田，1974年发现蒂玛尼（Temane）、布兹（Buzi）两个小气田。1975年莫桑比克独立后长时间未进行勘探，1981～2018年陆续进行了勘探开发。莫桑比克盆地经历了四个发育阶段，内陆（卡鲁）裂谷阶段沉积有二叠系—三叠系卡鲁群大陆河流和湖相沉积；早侏罗世裂谷阶段充填了有机质丰富的湖相页岩和蒸发岩；中侏罗世—古近纪裂谷阶段为海相碎屑岩和碳酸盐岩沉积，为局限海环境，发育烃源岩；新近纪至今被动大陆边缘阶段，发育海相-三角洲沉积。盆地目前累计发现八个油气田，七个已经关闭，Barquentine #2正在开发中。盆地成藏为倾气型。由于盆地南部地质构造复杂，盆地北部海水深度大，目前勘探程度低。

3. 主要油气田

莫桑比克境内有21个油气田，位于莫桑比克盆地和鲁伍马盆地，其中油田1个，气田20个，3个气田处于开发生产中。近年来莫桑比克盆地的海上天然气发现主要包括：Windjammer、Barquentine、Barquentine #2、Lagosta、Tubarao和Camarao等，其中Barquentine #2已投入开发。

莫桑比克潘迪气田位于贝拉（Beira）市南150千米处近岸陆上。该气田为构造-地层复合圈闭，储层主要为上白垩统砂岩，孔隙度一般为27%～33%，渗透率一般为185～1 900毫达西，含气饱和度50%～80%。由于所获取的地震资料不十分理想，对于气田潜力评价不一，莫桑比克国家石油公司（ENH）评价其潜力为1 130亿立方米，其中探明天然气储量765亿立方米；挪威国家石油公司评价天然气储量为1 150亿立方米。

USGS 2016年评价了该国莫桑比克盆地和鲁伍马盆地中新生界评价单元（面积近65万平方千米）的油气待发现资源潜力为：石油待发现资源量为约16亿吨，天然气待发现当量资源量5.16万亿立方米。而USGS该盆地2012年的评价结果为：石油待发现资源量为13.1亿吨，天然气待发现资源量2.59万亿立方米。2016年的评价结果较2012年有较大增长。

马拉维境内尚没有油气田。

4. 油气管道

莫桑比克管线总长6 304千米，有一条莫桑比克至南非的气管线，有三条气管线分别从莫桑比克通往津巴布韦、马拉维、南非。

马拉维没有油气管线。

5. 石油炼制和化工

莫桑比克有两个炼油厂，均为在建，预计投入使用时间为2020年7月，年设计原油加工能力分别为1 825万吨和1 564万吨。

马拉维无炼油厂。

三、投资环境

1. 管理体制

莫桑比克矿产资源及能源部（MIREME）参与制定国家矿产政策，指导和监督矿产与能源资源开发。国家石油局（ENH）是政府机构，负责对油气行业监管与运营，主营油气领域的研究、勘探、开发生产、炼化制造及销售等。

马拉维尚未形成油气行业，缺少成熟的、专门的油气行业管理体制。

2. 石油法律法规

莫桑比克油气行业适用的石油法律法规包括：2014年《石油法》、2014年《财税法》、2004年《石油经营条例（2014年修订）》。政府以法律形式明确对投资者保护。

马拉维尚未形成油气行业，缺少使用的石油天然气法律法规。

3. 对外合作情况

2010年以来，Anadarko、埃尼在莫桑比克境内的鲁伍马盆地发现了超过3.5万亿立方米的天然气。埃尼正在建设340万吨/年的浮式液化天然气装置，拟向国内和区域市场提供天然气。埃尼、埃克森、中国石油、Anadarko是莫桑比克深海天然气领域最重要的外国石油公司，是深海天然气实现商业化开发的关键力量。Sasol是莫桑比克陆上油气生产的唯一作业者，它与莫桑比克国家石油公司、国际金融公司IFC共同经营Pande-Temane陆上油气项目。

马拉维油气对外合作开展十分有限。

南非、斯威士兰、莱索托、纳米比亚油气勘探开发形势图

非洲各国油气勘探开发形势图

一、概况

南非共和国（The Republic of South Africa）位于非洲大陆最南端，东濒印度洋，西临大西洋，北邻纳米比亚、博茨瓦纳、津巴布韦、莫桑比克和斯威士兰，另有莱索托为南非领土所包围。面积121.91万平方千米，人口5 739.84万（2019年1月），分黑人、有色人、白人和亚裔四大种族。有11种官方语言，英语和阿非利卡语为通用语言。约80%的人口信仰基督教，其余信仰原始宗教、伊斯兰教、印度教等。以非国大为主体的民族团结政府奉行和解、稳定、发展的政策，妥善处理内部矛盾，全面推行社会变革，努力推动黑人政治、经济和社会地位，实现由白人政权向多种族联合政权的平稳过渡。2018年2月，拉马福萨接任总统，任期至2019年大选。南非属于中等收入的发展中国家，也是非洲经济最发达的国家之一。自然资源十分丰富。金融、法律体系比较完善，通讯、交通、能源等基础设施良好。矿业、制造业、农业和服务业均较发达，深井采矿等技术居于世界领先地位。当前，受全球经济增长缓慢的影响，南非经济总体低迷，增长乏力。2017年末以来，受世界经济整体复苏，大宗商品价格回暖，南非国内政局确定性上升及投资者对南非信心恢复等利好因素影响，兰特汇率持续走高。2017年主要经济数据如下：国内生产总值：约3 497亿美元；人均国内生产总值：6 167美元；国内生产总值年增长率：1.3%；货币名称：兰特；汇率：1美元≈13.3兰特（2017年均）。

斯威士兰王国（The Kingdom of Eswatini）面积17 363平方千米。系非洲东南部内陆小国，北、西、南三面为南非所环抱，东与莫桑比克为邻。人口139.14万（2019年1月）。其中斯威士族占90%，祖鲁族和通加族占6%，白人占2%，其余为欧非混血人种。官方语言为英语和斯瓦蒂语。居民约60%信奉基督教，30%信奉原始宗教，10%信奉伊斯兰教。2006年2月，斯威士兰新宪法正式颁布实行，仍然维持了国王对司法、行政、议会事务的绝对权力，对政党合法化问题表述模糊，引起斯威士兰民间社会极大不满。近年来，爆发多起大规模示威活动，要求国王退位、解除党禁、还政于民。斯威士兰自然资源匮乏以致严重拖拉到本国经济发展，被世界银行列为中等偏下收入国家。奉行自由市场经济，重视利用私人和外国资本，鼓励出口。经济开放度高，出口以农产品为主，经济增长受气候条件和国际市场变化影响较大。斯威士兰2017年主要经济数据如下（来源：《伦敦经济季评》）：国内生产总值：44亿美元；人均国内生产总值3 212美元；国内生产总值增长率：1.9%；货币名称：里兰吉尼（Lilangeni），复数称埃马兰吉尼（Emalangeni）；汇率：1美元≈13.3埃马兰吉尼（2017年均）；通货膨胀率：6.2%。

莱索托王国（The Kingdom of Lesotho）面积30 344平方千米，四周为南非环绕。人口约226.30万（2019年1月）。绝大多数人口属班图语系的巴苏陀族和祖鲁族。通用英语和塞苏陀语。约90%的居民信奉基督教和天主教，其余信奉原始宗教和伊斯兰教。政体为君主立宪制，现任国王为莱齐耶三世，1996年2月7日登基，1997年10月31日加冕；现任首相为全巴索托大会党领袖塔巴内，2017年6月全巴索托大会党、民主人士联盟、巴索托民族党、莱索托改革大会党组成的反对党联盟在大选中胜出。莱索托自然资源贫乏，经济基础薄弱，是联合国宣布的世界最不发达国家之一。经济以农牧业和服装加工业为主，粮食不能自给。侨汇是国民收入的主要来源之一。近年来，受世界经济低迷、南部非洲关税同盟税收分成减少，政局不稳等因素影响，吸引外资能力下降，经济发展缓慢。2017年主要经济指标如下：国内生产总值：30亿美元；人均国内生产总值：约1 300美元；经济增长率：3%；货币名称：洛蒂，复数为马洛蒂（Maloti），与南非兰特等值挂钩；汇率（2017年平均值）：1美元≈13.3马洛蒂。

纳米比亚共和国（The Republic of Namibia）位于非洲西南部，北同安哥拉、赞比亚为邻，东、南毗博茨瓦纳和南非，西濒大西洋。面积824 269平方千米，人口258.78万（2019年1月）。全境大部分地区在海拔1 000～1 500米。西部沿海和东部内陆地区为沙漠，北部为平原。主要河流有奥兰治河、库内内河和乌干瓦河。气候燥热少雨，年平均气温18～22℃，分春（9～11月）、夏（12～2月）、秋（3～5月）、冬（6～8月）四季。奥万博族是最大的民族，约占人口的50%。其他民族有：卡万戈、达马拉、赫雷罗及辛部里族、纳马、布须曼、雷霍伯特和茨瓦纳族。官方语言为英语，通用阿菲利卡语、德语和广雅语、纳马语及赫雷罗语。90%的居民信仰基督教，其余信奉原始宗教。

纳米比亚1990年3月21日宣布独立，独立后，政局一直保持稳定。人组党政府重视教育、卫生、基础设施建设等，注重人民生活的改善，经济社会事业不断发展。2014年11月，纳米比亚举行总统大选和议会选举，根员用作为人组党总统候选人参加竞选，以87%的得票率当选总统，于2015年3月21日就职。现行宪法于1990年2月制定。宪法规定：纳米比亚实行三权分立、两院议会和总统内阁制，总统为国家元首，政府首脑兼武装部队总司令，任期五年，不得超过两任；经内阁建议，总统可宣布解散国民议会并举行大选；同时总统应辞职并在议会解散的90天内选举新的总统；修改宪法须经议会两院2/3多数通过。

纳米比亚是世界上海洋渔业资源最丰富的国家之一，铀、钻石等矿产资源和产量居非洲前列。矿业、渔业和农牧业为三大传统支柱产业，种植业、制造业较落后；矿产资源十分丰富，素有"战略金属储备库"之称。主要矿藏有：钻石、铀、铜、铅、锌、金等；交通运输基础设施较发达。渔产品、畜牧业及初级加工产品，其中钻石出口在出口收入总额的33%。经济对进口依赖性强，绝大部分生产、生活资料需要进口。接近90%的进口商品来自南非。主要出口市场为南非、英国、美国等。2016年外贸总额为13.19亿美元。纳米比亚虽为中等收入国家，但贫富差距较大，是全球贫富差距最大的国家之一。

二、石油工业基本情况

1. 油气资源量、储量、产量和供需情况

据《油气杂志》数据，2017年南非石油剩余探明储量206万吨，2017年石油产量10万吨。据2018年BP能源统计数据，2017年南非石油消费量2 790万吨，天然气消费量45亿立方米。据CIA数据，南非2017年天然气剩余探明储量400亿立方米，2015年天然气产量11亿立方米，2014年原油进口贸易量2 265万吨，2015年天然气进口贸易量38亿立方米。

据EIA数据，2015年斯威士兰石油消费量25万吨，莱索托石油消费量25万吨。据美国《油气杂志》数据，2016年纳米比亚天然气剩余探明储量600.6亿立方米。据EIA数据，2015年纳米比亚石油消费量125万吨。据CIA数据，2013年纳米比亚天然气产量5亿立方米。

Kudu气田是纳米比亚迄今为止取得的唯一油气发现，预计地质储量1.3Tcf（367.86亿立方米），该油气田仍未被开发。纳米比亚至今无油气产量。

2. 主要含油气盆地

南非的主要含油气盆地包括：奥坦尼瓜（Outeniqua）盆地、莫桑比克盆地、西南非海岸盆地（Southwest African Coastal Basin）、纳马-卡拉哈里盆地（Nama-Kalahari Basins）、卡鲁盆地。

纳米比亚含油气盆地包括：纳马-卡拉哈里盆地、西南非海岸盆地。斯威士兰境内有莫桑比克盆地的西部边缘；莱索托位于卡鲁盆地内。

南非奥坦尼瓜（Outeniqua）盆地位于非洲南部近海的大陆架至上大陆坡面积约10万平方千米。盆地经历了裂谷期（晚侏罗世—早白垩世兰今期）、过渡期（早白垩世兰今期—晚白垩世阿普特期）和漂移期（晚白垩世阿尔布期至今）三大构造演化阶段。基底的上覆地层超过5千米，靠近断裂带最厚，向隆起减薄。裂谷期上侏罗统至下白垩统发育河流相—湖泊相—浅海-深海相的砾岩、砂岩、泥岩和碳酸盐岩；过渡期主要为深海盆地相和斜坡相的泥岩和碳酸盐岩；漂移期主要沉积浅海相—滨岸相的碳酸盐岩、砂岩和泥岩。下白垩统发育两套烃源岩，干酪根为Ⅱ、Ⅲ型，偏生气。该盆地圈闭为两类，其一为拉张的构造圈闭，其二为裂谷期的构造圈闭。道尔公司于2018年年底在盆地海域深水区发现了布鲁尔帕达（Brulpadda）油气田。该油气田钻井已见工业气流，正在进一步勘探评价。截至2018年年底，奥坦尼瓜盆地已发现44个油气田（藏），发现石油可采储量2 042万立方米，凝析油可采储量2 016万立方米，天然气可采储量1 160亿立方米。

2016年USGS评价了南非南部盆地的油气待发现资源量，盆地面积36.76万平方千米。本图集的奥坦尼瓜盆地大致相当于南非海岸盆地的奥坦尼瓜次盆。USGS 2016年对海岸盆地中一新生界油藏评价结果为：石油待发现资源量21.29亿桶（2.91亿吨），天然气待发现资源量359 640亿立方英尺（1.018万亿立方米），天然气液待发现资源量11.15亿桶（1.52亿吨）。而2012年的相应评价结果为：石油待发现资源量21.29亿桶（2.91亿吨），天然气待发现资源量29 954亿立方英尺（847.60亿立方米），天然气液待发现资源量0.81亿桶（0.11亿吨）。两次评价结果相比，石油待发现资源量没有变化，天然气、天然气液待发现资源量爆发式增加。

3. 主要油气田

南非境内有48个油气藏（田），主要位于奥坦尼瓜盆地和西南非海岸盆地，其中油藏（田）14个，气藏（田）34个，在产油气田有17个。

纳米比亚仅有一个气田，为Kudu气田，处于评价状态，剩余可采储量为3 075万吨。

南非布鲁尔帕达（Brulpadda）油气田位于距离南非西开普省莫索尔湾（Mosor Bay）海岸以南175千米的海上，为奥特尼克盆地首次发现的商业意义油气田。钻孔位于该油气田面积为1.9万平方千米的11B/12B区块，水深200～1 800米。完钻的孔深3 633米，见油气层厚57米，位于下白垩统海陆交互相碎屑岩。已探明资源主要为凝析油、轻质油等。目前推测石油储量1.36亿吨（油当量）。道尔公司持有该区块45%的权益，卡塔尔石油公司持25%，南非CNR国际公司持20%，梅恩街（Main Street）公司持10%。

4. 油气管道

南非管线总长7 654千米。

斯威士兰和莱索托无管线。

纳米比亚管线总长1 227千米。

5. 石油炼制和化工

南非有六个炼油厂，其中四个在运营。据美国《油气杂志》数据，2016年南非原油加工能力为50万吨。据BP统计数据，南非2017年原油加工能力为2 711万吨。

斯威士兰和莱索托无炼油厂。纳米比亚境内无炼油厂。

三、投资环境

1. 管理体制

南非油气行业上游南非石油勘探开发促进署（代表能源部）履行监管职责；能源部负责能源政策与法规、安全与环境问题，及许可证的批准。

斯威士兰尚未形成油气行业，缺少成熟的、专门的油气行业管理体制。

莱索托尚未形成油气行业，缺少成熟的、专门的油气行业管理体制。

纳米比亚石油行业的主管机构是矿产和能源部。国家石油公司Namcor被授予勘查、勘探、生产和下游作业的权利。政府不强制占股，Namcor可选择参股并承担相应的作业成本。Namcor的主要职责是对政府的油气政策进行参谋。

2. 石油法律法规

南非油气行业上游适用的主要石油法规包括：2002年出台的《矿产与石油资源开发法案》、2008年《矿产与石油资源矿权方案》、2008年《收入法修正案》、1962年《所得税法》。

斯威士兰尚未形成油气行业，缺少适用的石油法律法规。

莱索托尚未形成油气行业，缺少适用的石油法律法规。

纳米比亚当前主要的石油法律包括：1998年修订的《石油法案》、2007年修订的《石油协议范本》（Model Petroleum Agreement，2007年）。目前实施矿税制合同。

3. 对外合作情况

在南非，国家石油公司PetroSA至今仍然是南非油气开发的主要力量；外国石油公司尽管还没有在油气开发中发挥作用，但在区块获取上已经颇有斩获，例如新加坡石油公司Silver Wave Energy拥有区块的总面积位居南非第一位，明显超过国家石油公司PetroSA的区块总面积。此外，埃克森、壳牌、道达尔等世界石油巨头及Anadarko等大型独立石油公司也积极参与到南非的油气行业中等。可以预见，外国石油公司将在南非油气行业中发挥越来越大的作用。

斯威士兰、莱索托油气对外合作十分有限。

纳米比亚石油工业仍处在起步阶段。迄今为止仅有28口探井，取得了一个非商业性油气发现。由于勘探成功率不高，目前在纳米比亚从事上游业务的石油公司主要由追求高风险高回报的小型独立石油公司所主导，如Soar Energy Namibia、Eco (Atlantic) Oil & Gas、Tristone Africa Namibia、Tullow Oil、Chariot Oil & Gas、HRT Oil & Gas、Maurel et Prom。壳牌是目前唯一在纳米比亚开展油气勘探业务的国际大型石油公司，在纳米比亚南部持有两个海上区块。

马达加斯加、科摩罗、毛里求斯、塞舌尔油气勘探开发形势图

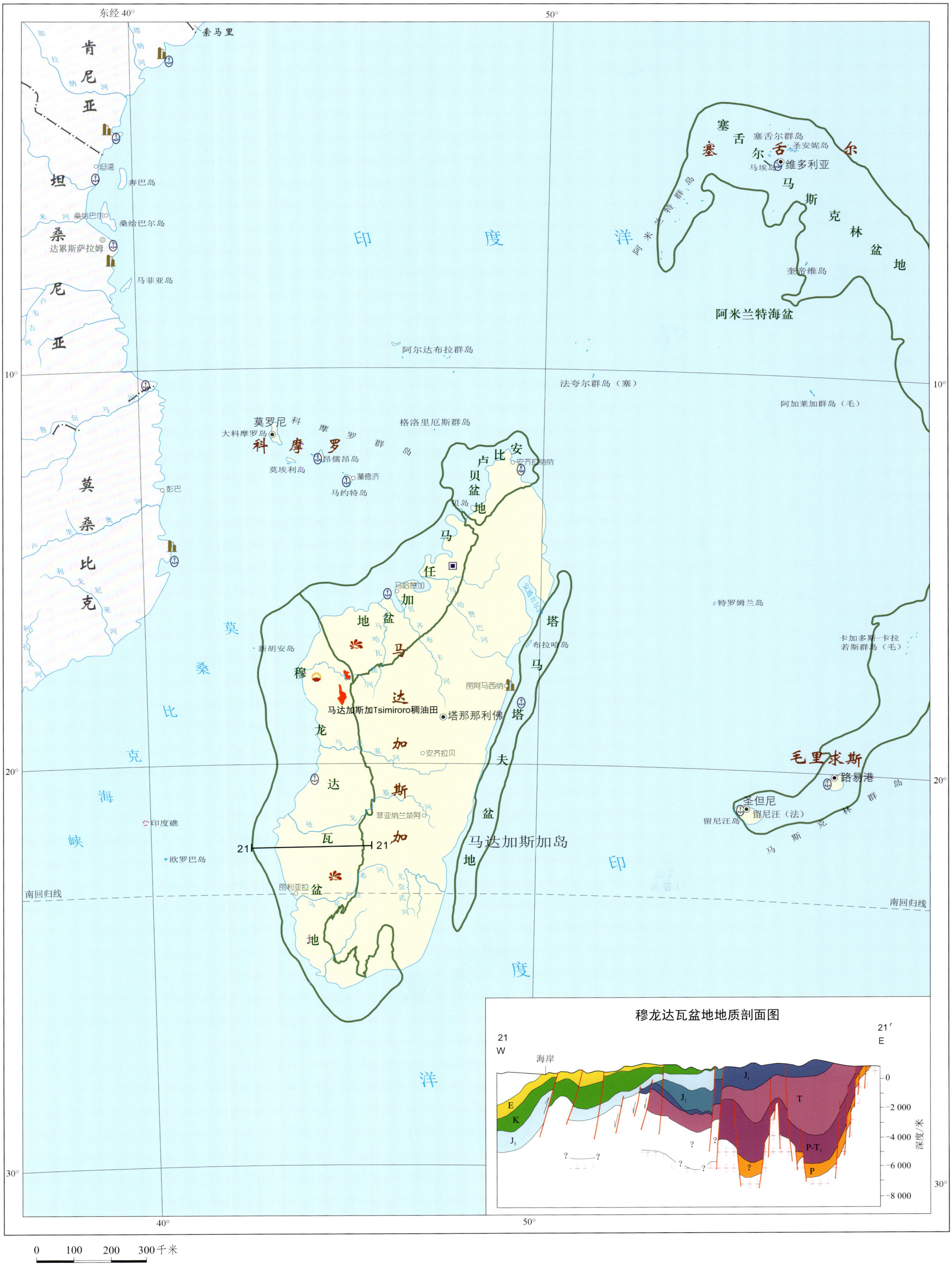

穆龙达瓦盆地地质剖面图

非洲各国油气勘探开发形势图

一、概况

马达加斯加共和国（The Republic of Madagascar）面积590 750平方千米（包括周围岛屿）。位于非洲大陆以东、印度洋西部，是非洲第一大岛、世界第四大岛。隔莫桑比克海峡与非洲大陆相望。海岸线长约5 000千米。人口约2 626.28万（2019年2月），由18个民族组成，其中较大的有：伊麦利那（占总人口的26.1%）、贝希米扎拉卡（14.1%）、贝希略（12%）、希米赫特（7.2%）、萨卡拉瓦（5.8%）、安payandun德罗（5.3%）和安泰伊萨卡（5%）等。民族语言为马达加斯加语（属马来-波利尼西亚语系），官方通用法语。居民中信奉传统宗教的占52%，信奉基督教（天主教和新教）的占41%，信奉伊斯兰教的占7%。1992年8月19日，马达加斯加举行全民公投，通过"第三共和国宪法"，改国名为马达加斯加共和国。马达加斯加属最不发达国家之一。经济以农业为主，严重依赖外援，工业基础薄弱。2014年埃里总统（Hery Martial Rajaonarimampianinal）上台后，积极争取国际社会恢复对马达加斯加援助，制定两年期国家发展紧急计划和2015～2019年国家发展规划，致力于改善投资环境，吸引外资，创造就业。2017年主要经济数字预计如下：国内生产总值：120.06亿美元；人均国内生产总值：476.4美元；经济增长率：4.6%；货币名称：阿里亚里；汇率：1美元=3 335阿里亚里；通货膨胀率：7.3%（资料来源：2019年8月《伦敦经济季评》）。现任总统安德里·拉乔利纳。

科摩罗联盟（Union of Comoros）面积2 236平方千米（包括马约特岛）。西印度洋岛国，由大科摩罗、昂儒昂岛、莫埃利、马约特四个岛组成。位于莫桑比克海峡北端入口处，东、西距马达加斯加和莫桑比克各约300千米。人口约83.24万（2019年1月）。主要由阿拉伯人后裔、卡夫族、马高尼族、乌阿马查族和萨卡拉瓦族组成。通用科摩罗语，官方语言为科摩罗语、法语和阿拉伯语。超过95%的居民信奉伊斯兰教，主要为逊尼教。1975年10月宣布独立。2000年12月21日，科摩罗通过新宪法草案，正式成立科摩罗联盟，赋予四岛高度自治权。2002年3～4月，科摩罗举行大选，阿扎利当选总统。2018年2月，科摩罗举行全国对话协商大会，在改革总统轮任制、取消副总统职位、取消宪法法院等方面取得共识。目前，科摩罗政府正在筹备修宪公投。科摩罗目前有50多个政党和政治团体。是世界最不发达国家之一。经济以农业为主，香草、丁香、鹰爪兰等香料产量居世界前列，有"香料岛"之称。工业基础脆弱，严重依赖外援。2017年科摩罗政府提出"2030新兴国家"发展战略，重点推进水资源开发和道路、港口等基础设施建设，着力改善卫生和教育体系，发展数字化和创新技术。2017年主要经济数据如下，国内生产总值：约6亿美元；人均：约750美元；经济增长率：3.0%；外汇储备：2.07亿美元；外债总额：1.9亿美元；货币名称：科摩罗法郎（简称科法郎）；汇率：1美元≈436.6科法郎（2017年）。

马约特岛（Territorial Collectivity of Mayotte）位于莫桑比克海峡，与大科摩罗岛、昂儒昂岛（Anjouan）、莫埃利岛（Moheli）共同组成科摩罗群岛。马约特岛包括大陆地岛、小陆地岛及周围一些小岛，首府和最大城市马穆楚（Mamoudzou）。官方货币为欧元。面积为374平方千米。人口25.97万（2019年1月），大部分人为源自马拉维西（Malagasy）的摩哈来人（Mahorai），他们以深受法国文化影响的穆斯林；另有相当数量的天主教徒。官方语言为法语，但大多人仍操科摩罗语［与斯瓦希里（Swahili）语密切相关］；马约特沿岸的一些村落则以马尔加什方言为其主要语言。马约特的政治框架为法国海外领地的议会民主制，马约特总领事（President of the General Council）是岛内的政府首脑，实行多党制，政府拥有最大的行政权力。在法国国民议会中马约特拥有一个代表资格及两个法国参议院议员席位。经济以农业为主，主要生产香子兰等香料，是法国的海外大区。下辖一个省，即马约特省。主要贸易伙伴为法国，经济亦大半依赖法国的援助。马约特的官方货币为欧元。据INSEE的评估，2001年马约特的GDP总计为6.1亿欧元（根据2001年的汇率约等于5.47亿美元；根据2008年的汇率约等于9.03亿美元）。同一时期的人均国内生产总值为3 960欧元（2001年时期为3 550美元；2008年时期为5 859美元），这个数据比同期的科摩罗高出了九倍之多，但也只是临近法国海外省留尼汪的GDP人均值的16%。

留尼汪（法语：La Réunion）是一座印度洋西部马斯克林群岛中的火山岛，法国的海外省之一，下辖一个省，即留尼汪省。东边约190千米是毛里求斯群岛，西边则与非洲第一大岛马达加斯加相距650千米。留尼汪岛面积2 512平方千米，海岸线长207千米。岛上人口密度很高。除了法国白人外，还有华人、印度人和黑人。法语是官方语言，少数人通晓英语。94%人信奉天主教。首府（Préfecture）是位于岛北岸的圣丹尼（Saint-Denis）。2001年3月11日和18日，留尼汪与法国同时举行了市镇选举。目前，留尼汪岛处于区省与市镇两级左右政党"共治"的局面。经济以农业、工业和服务业为主，农业上主要种植经济作物甘蔗、香草和天竺葵等，盛产天竺葵油。旅游业是法定精油与香水的产地。工业化程度较低，制糖为主要工业。经济发展主要依靠法国援助。货币使用欧元。岛内生产总值（1998年）：34亿美元；人均岛内生产总值（1998年）：4 800美元；岛内生产总值增长率（1998年）：3.8%；通货膨胀率（1998年）：1.2%；失业率（1998年）：41.1%。

毛里求斯共和国（The Republic of Mauritius）面积2 040平方千米（包括属岛面积175平方千米），位于非洲大陆以东、印度洋西南部。包括本岛及罗德里格岛、圣布兰登群岛、阿加莱加群岛、查戈斯群岛（现由英国管辖）和特罗姆兰岛（现由法国管辖）等属岛。西距马达加斯加约800千米，距肯尼亚蒙巴萨港1 800千米，南距留尼汪160千米，东距澳大利亚4 827千米。人口约126.83万（2019年1月）。居民主要由印度和巴基斯坦裔（69%）、克里奥尔人（欧洲人和非洲人混血，27%）、华裔（2.3%）和欧洲裔（1.7%）组成。官方语言为英语，法语亦普遍使用，克里奥尔语为当地人最普遍使用的语言。居民有52%信奉印度教，30%信奉基督教，17%信奉伊斯兰教，另有少数人信奉佛教。毛里求斯独立以来，历届政府坚持维护民族团结和睦，实行文化多元化政策，保持了政局的长期稳定。毛里求斯独立后一直实行多党制，社会主义战斗党（社战党）、工党、战斗党等主要政党轮流执政或联合执政。2018年3月，法基姆总统辞职，暂由副总统沃亚普里代行总统职务。毛里求斯是非洲经济发展较好的国家之一，在世界经济论坛2017～2018年"全球竞争力排名"中，毛里求斯位居第45名，在非洲国家中位居第一。普拉温德总理2017年继任后，制定三年发展规划，推行务实经济政策，重点向基础设施建设、吸引外资、减贫惠民等领域倾斜。2017年主要经济数据如下（源自《伦敦经济季评》），国内生产总值（GDP）：129.02亿美元；人均国内生产总值：10 239.68美元；经济增长率：3.7%；汇率：1美元≈35卢比；通货膨胀率：4%；外汇储备：50.73亿美元。

塞舌尔共和国（Republic of Seychelles）是坐落在东部非洲印度洋上的一个群岛国家。国土面积451平方千米，首都维多利亚，全国人口约9.52万人（2019年1月）。居民主要为班图人、克里奥尔人、印度人后裔、华裔和法裔等。克里奥尔语为通用语言，通用英语和法语。居民90%信奉天主教，8%信奉伊斯兰教，其余信奉印度教和其他宗教。塞舌尔是多民族国家，主要由班图人（非洲移民）、克里奥人（欧非等混血）、印巴后裔（亚洲移民）、英法后裔（欧洲移民）和华人（亚洲移民）等组成。1976年6月29日塞舌尔宣告独立，成立塞舌尔共和国，属英联邦成员国，实行总统制。塞舌尔实行三权分立的政治制度，立法权、司法权和行政权相互独立、互相制衡。塞舌尔举行总统选举，米歇尔以55.46%的多数票蝉联总统。塞舌尔经济中，工农业基础非常薄弱，以旅游、渔业和少量手工业为主。旅游业为经济第一支柱，创造七成以上的国内生产总值。渔业构成经济另一支柱，渔业资源丰富，鱼类产品位居出口商品首位。2012年保持低增长，经济增长率为2.7%，人均国内生产总值约1万美元左右。截至2014年塞舌尔经济改革取得显著成果，经济整体运行良好。

二、石油工业基本情况

1. 油气资源量、储量、产量和供需情况

据USGS 2012年评价数据，马达加斯加油待发现资源量6.5亿吨，气待发现资源量1.4万亿立方米。据IHS数据，马达加斯加2016年石油剩余探明储量1.5亿立方米，天然气剩余探明储量15.65亿立方米。据EIA数据，马达加斯加2015年石油消费量75万吨。据CIA数据，马达加斯加2014年进口炼油产品79万吨。据EIA数据，科摩罗2015年石油消费量6.5万吨，留尼汪2015年石油消费量90万吨，毛里求斯2015年石油消费量130万吨，塞舌尔2015年石油消费量32.5万吨。

2. 主要含油气盆地

马达加斯加的含油气盆地是穆龙达瓦盆地（Morondava Basin）、马任加盆地、安比卢夕盆地等，塞舌尔有塞舌尔-马斯克林盆地，其他国家无含油气盆地。

穆龙达瓦盆地位于马达加斯加西（南）部，盆地大部为陆上。基底为前寒武系变质岩、火成岩。盆地的多期次演化形成了多套沉积建造：早石炭世至侏罗纪早期，经历了周期性的裂陷和隆升，沉积了陆相-边缘海相的砂砾岩夹砂岩和泥岩，又称卡鲁群（Karoo Group），厚达9～11千米。裂漂移期（早侏罗世）、下、中侏罗统黑色页岩和局限浅海相的蒸发岩和海相碎屑岩-早白垩世、晚白垩世两期漂移期，主要沉积泥质岩夹砂岩和局部蒸发岩、火山岩；古近纪至今为被动陆缘拗陷阶段，主要沉积了滨岸-浅海相的碎屑岩和碳酸盐岩，局部夹火山岩。卡鲁群中的沥青质陆相沉积及煤层为重要的烃源岩，干酪根为Ⅱ、Ⅲ型；下、中侏罗统黑色页岩，干酪根为Ⅰ型及Ⅱ、Ⅲ混合型，也为烃源岩。三叠系陆相砂岩为重要的储层，孔隙度为15%～20%；上侏罗统储层性为粗粒长石石英砂岩，孔隙度为8%～20%，渗透率为30～150毫达西；下白垩系储层最低，孔隙度为20%～37%，渗透率最大超过3达西。区域盖层为三叠系、下侏罗统、白垩系的页岩和泥岩。油藏圈闭为构造-岩性复合圈闭。盆地成藏的不利因素为通天断层十分发育。处于不同走向产状的通天断层间的Tsimiroro块状稠油田探明储量为3 059万吨（2017年）。

2016年USGS对穆龙达瓦盆地的中—新生界评价单元（AU）进行了待发现资源量评价，其结果为：石油待发现资源量107.50亿桶（14.67亿吨），天然气待发现资源量1 672 190亿立方英尺（4.73万亿立方米），天然气液待发现资源量51.76亿桶（7.06亿吨）。USGS 2012年相应评价为：石油待发现资源量86.00亿桶（11.73亿吨），天然气待发现资源量1 337 751.3亿立方英尺（3.79万亿立方米），天然气液待发现资源量41.41亿桶（5.65亿吨）。可以看出，待发现资源量均有大幅度增加。

3. 主要油气田

马达加斯加境内有七个油气藏（田），其中油藏（田）四个，气藏（田）三个，其中Tsimiroro稠油田处于开发中。

4. 油气管道

马达加斯加、科摩罗、马约特岛、留尼汪岛、毛里求斯、塞舌尔无油气管线。

5. 石油炼制和化工

马达加斯加有一个炼油厂，在运营。据IHS数据，2016年马达加斯加原油加工能力为78万吨。

科摩罗、马约特岛、留尼汪岛、毛里求斯和塞舌尔均无炼油厂。

三、投资环境

1. 管理体制

马达加斯加油气行业由国家矿业和工业战略办公室履行监管职责。这个办公室成立于1976年，未来新石油法出台后，将建立一个新的独立的油气行业监管机构。

科摩罗、马约特岛、留尼汪岛、毛里求斯和塞舌尔均尚未形成油气行业，缺少成熟的、专门的油气行业管理体制。

2. 石油法律法规

马达加斯加油气行业适用的石油法律法规主要是1996年《石油法典》及2006年《产量分成合同》。新的石油法典正在讨论认定之中，未来有望出台。

科摩罗、马约特岛、留尼汪岛、毛里求斯和塞舌尔均尚未形成油气行业，缺少适用的石油法律法规。

3. 对外合作情况

在马达加斯加，2017年英国石油接手埃克森资产权益，首次进入马达加斯加油气行业，它是唯一在马达加斯加的世界石油巨头。按照拥有区块的总面积，英国石油位列第一位，延长石油紧随其后，此外均为中小型外国石油公司参与马达加斯加油气。

科摩罗、马约特岛、留尼汪岛、毛里求斯和塞舌尔油气对外合作均十分有限。

附表

附表1　非洲主要盆地含油气状况表

附表2　非洲主要国家石油天然气剩余可采储量表

附表3　非洲主要沉积盆地石油天然气待发现资源量、储量、产量和探明程度表

附表4　非洲主要资源国石油产量、消费量、贸易量表

附表5　非洲主要资源国天然气产量、消费量、贸易量表

附表6　非洲主要含油气盆地油气田数据表

附表7　非洲评价盆地页岩油气资源量统计表

附表1 非洲主要盆地含油气状况表

序号	盆地名称 中文	盆地名称 英文	所属国家	盆地面积 / 平方千米	盆地类型	含油气状况
1	阿赫奈特盆地	Ahnet Basin	阿尔及利亚	63125	克拉通内拗陷	含油气
2	阿拉尔高地	Allal High	阿尔及利亚	27418	克拉通内拗陷	含油气
3	阿南布拉盆地	Anambra Basin	尼日利亚	40298	裂后拗陷	含油气
4	阿特巴拉裂谷	Atbara Rift	苏丹	97527	裂后拗陷	尚未发现
5	阿特拉斯盆地	Tellian Atlas	阿尔及利亚－突尼斯	235934	前陆盆地	含油气
6	阿尤恩－塔尔法雅盆地	Aaiun-Tarfaya Basin	摩洛哥（及西撒哈拉地区）	331376	被动大陆边缘	含油气
7	艾伯兰海盆地	Alboran Sea Basin	摩洛哥	41413	前陆盆地	尚未发现
8	艾尔格罗－普罗旺斯盆地	Algero-Provencal Basin	阿尔及利亚	244284	被动大陆边缘	尚未发现
9	安比卢贝盆地	Ambilobe Basin	马达加斯加	41386	被动大陆边缘	尚未发现
10	安哥拉盆地	Angola Basin	安哥拉	442537	被动大陆边缘	尚未发现
11	安扎盆地	Anza Basin	肯尼亚	70093	被动大陆边缘	含油气
12	奥坦尼瓜盆地	Outeniqua Basin	南非	64040	被动大陆边缘	含油气
13	邦戈尔盆地	Bongor Trough	乍得	23507	裂后拗陷	含油气
14	贝宁盆地	Benin Embayment	贝宁－尼日利亚－多哥	77119	被动大陆边缘	含油气
15	贝努埃盆地	Benue Trough	尼日利亚	28450	裂后拗陷	含油气
16	贝沙尔盆地	Bechar Basin	阿尔及利亚	66943	克拉通内拗陷	尚未发现
17	比达盆地	Bida Basin	尼日利亚	37194	裂后拗陷	尚未发现
18	博韦盆地	Bove Basin	几内亚－几内亚比绍	51618	被动大陆边缘	尚未发现
19	蒂米蒙盆地	Timimoun Basin	阿尔及利亚	172693	克拉通内拗陷	含油气
20	东非裂谷东支	East African Rift System, Eastern Branch	肯尼亚	73374	裂谷盆地	含油气
21	东非裂谷西支	East African Rift System, Western Branch	肯尼亚－刚果（金）－马拉维	147140	裂谷盆地	含油气
22	东南君士坦丁盆地	Southeast Constantine Plateau	阿尔及利亚	17129	前陆盆地	含油气
23	杜阿拉盆地	Douala Basin	喀麦隆	26433	被动大陆边缘	含油气
24	杜卡拉盆地	Doukkala Basin	摩洛哥	36924	前陆盆地	尚未发现
25	多巴盆地	Doba Trough	乍得	35731	裂后拗陷	含油气
26	多赛奥盆地	Doseo Trough	乍得－中非	47921	裂后拗陷	含油气
27	刚果盆地	Zaire Basin	刚果（布）－刚果（金）－安哥拉	1407927	克拉通内拗陷	尚未发现
28	古达米斯盆地	Ghadames Basin	阿尔及利亚－利比亚－突尼斯	347788	克拉通内拗陷	含油气
29	哈西迈萨乌德隆起	Hassi Messaoud High	阿尔及利亚	59845	克拉通内拗陷	含油气
30	红海盆地	Red Sea Basin	埃及－苏丹－厄立特里亚	467339	裂谷盆地	含油气
31	霍德纳盆地	Hodna Basin	阿尔及利亚	11437	前陆盆地	尚未发现
32	吉夫腊盆地	Djefara Basin	突尼斯－利比亚	40252	前陆盆地	含油气
33	加蓬－杜阿拉深海盆地	Gabon-Douala Deep Sea Basin	加蓬	196656	被动大陆边缘	尚未发现
34	加蓬海岸盆地	Gabon Coastal Basin	加蓬	127829	被动大陆边缘	含油气
35	金迪盆地	Gindi Basin	埃及	11186	被动大陆边缘	含油气
36	喀土穆盆地	Khartoum Basin	苏丹	198249	裂后拗陷	含油气
37	卡鲁盆地	Karoo Basin	南非－莱索托	591973	前陆盆地	含油气
38	科特迪瓦盆地	Cote d'Ivoire Basin	科特迪瓦－利比里亚	217115	被动大陆边缘	含油气
39	克里盆地	Kerri Basin	尼日利亚	23046	裂后拗陷	尚未发现
40	库弗腊盆地	Al Kufra Basin	利比亚－乍得－苏丹	731410	克拉通内拗陷	尚未发现
41	宽扎盆地	Kwanza Basin	安哥拉	161975	被动大陆边缘	含油气
42	奎尔西夫盆地	Guercif Basin	摩洛哥	5491	前陆盆地	尚未发现
43	拉尔勃－前里弗盆地	Rharb-Prerif Basin	摩洛哥	75653	前陆盆地	含油气
44	拉穆盆地	Lamu Embayment	肯尼亚－索马里	187155	被动大陆边缘	含油气
45	来色达盆地	Lacerda Basin	莫桑比克	15398	被动大陆边缘	尚未发现
46	蓝尼罗河裂谷	Blue Nile Rift	苏丹	75873	裂后拗陷	尚未发现
47	雷甘盆地	Reggane Basin	阿尔及利亚	104745	克拉通内拗陷	含油气
48	里奥穆尼盆地	Rio Muni Basin	赤道几内亚－加蓬	19519	被动大陆边缘	含油气
49	利比里亚盆地	Liberia Basin	利比里亚－塞拉利昂	272831	被动大陆边缘	含油气
50	卢昂瓦盆地	Luangwa Basin	赞比亚	35913	裂谷盆地	尚未发现
51	卢库萨希盆地	Lukusashi Basin	赞比亚	7113	裂谷盆地	尚未发现
52	鲁伍马盆地	Ruvuma Basin	坦桑尼亚－莫桑比克	70972	被动大陆边缘	含油气
53	罗提基比盆地	Lotikipi Basin	肯尼亚－南苏丹	20966	被动大陆边缘	尚未发现

续表

序号	盆地名称 中文	盆地名称 英文	所属国家	盆地面积 /平方千米	盆地类型	含油气状况
54	马拉格拉西盆地	Malagarasi Basin	坦桑尼亚	19 455	裂谷盆地	尚未发现
55	马任加盆地	Majunga Basin	马达加斯加	102 838	被动大陆边缘	尚未发现
56	玛弗盆地	Mamfe Basin	尼日利亚－喀麦隆	14 360	被动大陆边缘	尚未发现
57	麦地那盆地	Medina Basin	利比亚	9 700	被动大陆边缘	尚未发现
58	米鲁特盆地	Melut Basin	苏丹－南苏丹	235 350	裂后拗陷	含油气
59	米苏尔盆地	Missour Basin	摩洛哥	15 562	前陆盆地	尚未发现
60	莫桑比克盆地	Mozambique Basin	莫桑比克	552 921	被动大陆边缘	含油气
61	莫伊代尔盆地	Mouydir Basin	阿尔及利亚	51 866	克拉通内拗陷	尚未发现
62	穆尔祖克盆地	Murzuq Basin	利比亚－尼日尔	406 762	克拉通内拗陷	含油气
63	穆格莱德盆地	Muglad Basin	苏丹－南苏丹	287 975	裂后拗陷	含油气
64	穆龙达瓦盆地	Morondava Basin	马达加斯加	255 706	被动大陆边缘	含油气
65	纳马－卡拉哈里盆地	Nama-Kalahari Basins	纳米比亚－博茨瓦纳	615 997	克拉通内拗陷	含油气
66	纳米比亚盆地	Namibe Basin	安哥拉	46 676	被动大陆边缘	尚未发现
67	南奥兰台地	South Oran Meseta	摩洛哥－阿尔及利亚	74 753	前陆盆地	含油气
68	南奥特尼夸盆地	Southern Outeniqua Basin	南非	17 765	被动大陆边缘	尚未发现
69	尼罗河三角洲盆地	Nile Delta Basin	埃及	116 579	被动大陆边缘	含油气
70	尼日尔三角洲盆地	Niger Delta	尼日利亚－喀麦隆	210 339	被动大陆边缘	含油气
71	欧科兰果盆地	Okavango Basin	安哥拉－赞比亚－纳米比亚－博茨瓦纳	732 445	克拉通内拗陷	尚未发现
72	佩拉杰盆地	Pelagian Basin	突尼斯－利比亚	220 214	裂谷盆地	含油气
73	撒哈拉盆地	Sahara Basin	阿尔及利亚－突尼斯	166 820	前陆盆地	含油气
74	萨加勒－索科拉特盆地	Sagaleh-Socotra Basin	索马里	157 789	被动大陆边缘	尚未发现
75	塞拉斯盆地	Selous Basin	坦桑尼亚	71 211	被动大陆边缘	尚未发现
76	塞纳深海盆地	Seine Deep Sea Basin	摩洛哥	122 776	被动大陆边缘	尚未发现
77	塞内加尔盆地	Senegal Basin	毛里塔尼亚－塞内加尔－几内亚－几内亚比绍	904 546	被动大陆边缘	含油气
78	塞舌尔－马斯克林盆地	Seychelles-Mascarene Ridge	塞舌尔－毛里求斯	627 560	被动大陆边缘	尚未发现
79	上埃及盆地	Upper Egypt Basin	埃及－苏丹	681 510	被动大陆边缘	含油气
80	苏伊士湾盆地	Gulf of Suez Basin	埃及	25 865	被动大陆边缘	含油气
81	索马里盆地	Somali Basin	埃塞俄比亚－索马里－肯尼亚	803 175	被动大陆边缘	含油气
82	索马里深海盆地	Somali Deep Sea Basin	肯尼亚－索马里－坦桑尼亚	1 684 097	被动大陆边缘	尚未发现
83	索维拉盆地	Essaouira Basin	摩洛哥	26 220	前陆盆地	含油气
84	塔马塔夫盆地	Tamatave Basin	马达加斯加	61 575	被动大陆边缘	尚未发现
85	坦桑尼亚海岸盆地	Tanzania Coastal Basin	坦桑尼亚	131 086	被动大陆边缘	含油气
86	陶丹尼盆地	Taoudeni Basin	毛里塔尼亚－马里	1 847 073	克拉通内拗陷	含油气
87	特坎思凯盆地	Transkei Basin	南非	184 884	被动大陆边缘	尚未发现
88	廷杜夫盆地	Tindouf Basin	摩洛哥－阿尔及利亚（及西撒哈拉地区）	222 395	克拉通内拗陷	含油气
89	万博盆地	Owambo Basin	安哥拉－纳米比亚	267 452	克拉通内拗陷	尚未发现
90	韦德迈阿盆地	Oued Mya Basin	阿尔及利亚	103 849	克拉通内拗陷	含油气
91	沃尔特盆地	Voltaian Basin	加纳－多哥－贝宁	126 996	克拉通内拗陷	尚未发现
92	西奈盆地	Sinai Basin	埃及	153 388	被动大陆边缘	含油气
93	西南非海岸盆地	Southwest African Coastal Basin	纳米比亚－南非	497 150	被动大陆边缘	含油气
94	西沙漠盆地	Wester Desert Basin	埃及－利比亚	232 789	被动大陆边缘	含油气
95	希罗多德盆地	Herodotus Basin	埃及	131 717	被动大陆边缘	尚未发现
96	昔兰尼加盆地	Cyrenaica Basin	利比亚	123 452	被动大陆边缘	含油气
97	锡尔特盆地	Sirte Basin	利比亚	495 510	裂后拗陷	含油气
98	锡尔特湾盆地	Gulf of Sirte Basin	利比亚	94 614	被动大陆边缘	尚未发现
99	下刚果－刚果扇盆地	Congo Fan	加蓬－刚果－安哥拉	484 490	被动大陆边缘	含油气
100	亚丁湾南盆地	Southern Gulf of Aden	索马里	301 921	裂谷盆地	尚未发现
101	盐池盆地	Saltpond Basin	加纳	12 236	被动大陆边缘	含油气
102	伊利兹盆地	Illizi Basin	阿尔及利亚－利比亚	146 797	克拉通内拗陷	含油气
103	尤利米丹盆地	Iullemmeden Basin	阿尔及利亚－马里－尼日尔	632 382	克拉通内拗陷	尚未发现
104	乍得盆地	Chad Basin	尼日尔－乍得	1 038 380	克拉通内拗陷	含油气
105	中阿特拉斯地堑	Central Atlas Graben Zone	突尼斯－阿尔及利亚	14 349	前陆盆地	含油气

附表2 非洲主要国家石油天然气剩余可采储量表

序号	国家	USGS 2012年评价 石油待发现可采资源量/万吨	USGS 2012年评价 天然气待发现可采资源量/亿立方米	石油剩余可采储量/百万吨	天然气剩余可采储量/亿立方米	石油数据来源及数据截止年度	天然气数据来源及数据截止年度
1	阿尔及利亚	67000	12000	1536.52	43351.00	2018年BP能源统计，2017	2018年BP能源统计，2017
2	埃及	32000	11000	436.67	17770.24	2018年BP能源统计，2017	2018年BP能源统计，2017
3	安哥拉	36000	843.7	1285.16	2748.00	2018年BP能源统计，2017	2018年BP能源统计，2017
4	赤道几内亚	1100	45.87	149.25	368.00	2018年BP能源统计，2017	中石油经研院，2017
5	刚果（布）	1800	83.19	225.99	907.00	2018年BP能源统计，2017	中石油经研院，2017
6	加蓬	48300	2137.36	273.60	283.00	2018年BP能源统计，2017	中石油经研院，2017
7	利比亚	40000	3428	6297.27	14296.54	2018年BP能源统计，2017	2018年BP能源统计，2017
8	南非			2.06	400.00	中石油经研院，2017	中石油经研院，2017
9	南苏丹			472.33	648.00	2018年BP能源统计，2017	2018年BP能源统计，2017
10	尼日利亚	72500	4976.57	5054.39	52014.44	2018年BP能源统计，2017	2018年BP能源统计，2017
11	苏丹	65000	2650.4	202.43	819.00	2018年BP能源统计，2017	《油气杂志》，2016
12	突尼斯	9133	610	55.27	651.00	2018年BP能源统计，2017	2018年BP能源统计，2017
13	乍得	27000	1617	215.83	0.00	2018年BP能源统计，2017	2018年BP能源统计，2017
14	埃塞俄比亚	2100	75	0.06	249.00	《油气杂志》，2017	《油气杂志》，2017
15	贝宁	3858	527	1.10	10.90	《油气杂志》，2016	《油气杂志》，2016
16	博茨瓦纳			0.00	18.54		IHS，2016
17	多哥	879	120	0.96	0.42	IHS，2016	
18	厄立特里亚	1037	271	0.00	1.42		IHS，2016
19	刚果（金）	1213	55	24.66	9.90	《油气杂志》，2017	《油气杂志》，2017
20	几内亚比绍	919	122	1.37	0.28	IHS，2016	IHS，2016
21	加纳	1050	143	90.41	218.40	《油气杂志》，2016	《油气杂志》，2016
22	喀麦隆	6700	338.53	23.80	1302.20	《油气杂志》，2016	《油气杂志》，2016
23	科特迪瓦	2158	295	0.00	273.00		《油气杂志》，2016
24	肯尼亚	19584	875	107.14	300.69	CIA，2017	IHS，2016
25	利比里亚			19.04	20.94	IHS，2016	IHS，2016
26	卢旺达			0.00	566.00		《油气杂志》，2017
27	马达加斯加	65000	14000	152.09	15.65	IHS，2016	IHS，2016
28	马里			0.00	0.48		IHS，2016
29	毛里塔尼亚	2877	381	2.74	273.00	《油气杂志》，2016	《油气杂志》，2016
30	摩洛哥	2110	382	0.00	13.90		《油气杂志》，2016
31	莫桑比克	59347	6842	59.11	27300.00	IHS，2016	《油气杂志》，2017
32	纳米比亚			0.00	600.60		《油气杂志》，2016
33	尼日尔	23600	103000	20.55	0.00	《油气杂志》，2016	
34	塞拉利昂			21.24	52.36	IHS，2016	IHS，2016
35	塞内加尔			107.01	3632.73	IHS，2016	IHS，2016
36	索马里			0.91	56.60	《油气杂志》，2017	《油气杂志》，2017
37	坦桑尼亚	23377	6842	7.03	65.10	IHS，2016	《油气杂志》，2017
38	乌干达			342.47	141.50	《油气杂志》，2017	《油气杂志》，2017
39	中非	2100	75				

附表3 非洲主要沉积盆地石油天然气待发现资源量、储量、产量和探明程度表

序号	中文	英文	所属国家	盆地面积/万平方千米	待发现资源量 石油/兆吨	待发现资源量 天然气/亿立方米	待发现资源量 油气合计/兆吨	石油 总可采储量/兆吨	石油 累计产量/兆吨	石油 剩余可采储量/兆吨	天然气 总可采储量/亿立方米	天然气 累计产量/亿立方米	天然气 剩余可采储量/亿立方米	探明率/% 石油	探明率/% 天然气
1	阿赫奈特盆地	Ahnet Basin	阿尔及利亚	63125	1	1059	96	1	0	1	1136	0	102		
2	阿拉尔高地	Allal High	阿尔及利亚	27418				0	0		0	0	8		
3	阿南布拉盆地	Anambra Basin	尼日利亚	40298				0	0		0	0	18		
4	阿特拉斯盆地	Tellian Atlas	阿尔及利亚-突尼斯	235934				4	39		15	11			
5	阿尤恩-塔尔法雅盆地	Aaiun-Tarfaya Basin	摩洛哥（及西撒哈拉地区）	331376				0	3		0	2			
6	安扎盆地	Anza Basin	肯尼亚	70093				0	0		0	14			
7	奥坦尼瓜盆地	Outeniqua Basin	南非	64040				17	28		35	79			
8	邦戈尔盆地	Bongor Trough	乍得	23507				0	42		0	3			
9	贝宁盆地	Benin Embayment	贝宁-尼日利亚-多哥	77119				3	55		0	38			
10	贝努埃盆地	Benue Trough	尼日利亚	28450				0	0		0	1			
11	蒂米蒙盆地	Timimoun Basin	阿尔及利亚	172693	36	4078	403	27	0	27	3989	0	359		
12	东非裂谷东支	East African Rift System, Eastern Branch	肯尼亚	73374	21	541	70	299	0	108	115	0	4		
13	东非裂谷西支	East African Rift System, Western Branch	肯尼亚-刚果（金）-马拉维	147140				0	191		0	6			
14	东南君士坦丁盆地	Southeast Constantine Plateau	阿尔及利亚	17129				0	2		0	1			
15	杜阿拉盆地	Douala Basin	喀麦隆	26433				15	69		1	161			
16	多巴盆地	Doba Trough	乍得	35731				0	167		0	6			
17	多赛奥盆地	Doseo Trough	乍得-中非	47921				0	7		0	1			
18	古达米斯盆地	Ghadames Basin	阿尔及利亚-利比亚-突尼斯	347788	331	2530	559	1183	164	1019	6697	19	584		
19	哈西迈萨乌德隆起	Hassi Messaoud High	阿尔及利亚	59845	303	1673	454	2028	68	1960	7918	68	645		
20	红海盆地	Red Sea Basin	埃及-苏丹-厄立特里亚	467339	1112	28501	3677	41	0	41	1417	0	128		
21	吉夫腊盆地	Djefara Basin	突尼斯-利比亚	40252				1	9		0	6			
22	加蓬海岸盆地	Gabon Coastal Basin	加蓬	127829				520	170		5	252			
23	金迪盆地	Gindi Basin	埃及	11186				14	21		0	1			
24	喀土穆盆地	Khartoum Basin	苏丹	198249	105	335	135	0	0	0	11	0	1		
25	卡鲁盆地	Karoo Basin	南非-莱索托	591973				0	0		0	40			
26	科特迪瓦盆地	Coté d'Ivoire Basin	科特迪瓦-利比里亚	217115	714	8742	1501	480	64	357	3120	22	220		
27	宽扎盆地	Kwanza Basin	安哥拉	161975	3058	5746	3575	247	12	235	4065	1	365		
28	拉尔勃-前里弗盆地	Rharb-Prerif Basin	摩洛哥	75653				1	0		1	6			
29	拉穆盆地	Lamu Embayment	肯尼亚-索马里	187155				0	1		0	9			
30	雷甘盆地	Reggane Basin	阿尔及利亚	104745				0	0		0	72			
31	里奥穆尼盆地	Rio Muni Basin	赤道几内亚-加蓬	19519				50	24		3	11			
32	利比里亚盆地	Liberia Basin	利比里亚-塞拉利昂	272831	537	5994	1077	40	0	40	73	0	7		
33	鲁伍马盆地	Ruvuma Basin	坦桑尼亚-莫桑比克	70972				0	42		0	1	3879		
34	米鲁特盆地	Melut Basin	苏丹-南苏丹	235350	703	2247	905	758	134	398	203	1	17		
35	莫桑比克盆地	Mozambique Basin	莫桑比克	552921	1329	25904	3661	26	0	244	2741	0	3		
36	穆尔祖克盆地	Murzuq Basin	利比亚-尼日尔	406762				1	26		64	247			
37	穆格莱德盆地	Muglad Basin	苏丹-南苏丹	287975				35	263		0	5			
38	穆龙达瓦盆地	Morondava Basin	马达加斯加	255706	1746	33936	4801	152	0	152	16	0	1		
39	纳马-卡拉哈里盆地	Nama-Kalahari Basins	纳米比亚-博茨瓦纳	615997				0	0		0	2			
40	南奥兰台地	South Oran Meseta	摩洛哥-阿尔及利亚	74753				0	0		0	8			
41	尼罗河三角洲盆地	Nile Delta Basin	埃及	116579	1060	56632	6157	185	11	174	26763	94	2315		
42	尼日尔三角洲盆地	Niger Delta Basin	尼日利亚-喀麦隆	210339	2995	14770	4324	9786	4889	4897	75034	1527	5227		
43	佩拉杰盆地	Pelagian Basin	突尼斯-利比亚	220214	91	1587	234	538	145	393	8003	60	660		
44	撒哈拉盆地	Sahara Basin	阿尔及利亚-突尼斯	166820	52	264	76	9	292	153	62	2	2720		
45	塞内加尔盆地	Senegal Basin	毛里塔尼亚-塞内加尔-几内亚-几内亚比绍	904546	400	4745	827	153	5	147	8390	1	755		
46	上埃及盆地	Upper Egypt Basin	埃及-苏丹	681510				0	1		0	0			
47	苏伊士湾盆地	Gulf of Suez Basin	埃及	25865				1119	456		26	152			
48	索马里盆地	Somali Basin	埃塞俄比亚-索马里-肯尼亚	803175	115	369	148	41	0	40	1231	0	102		
49	索维拉盆地	Essaouira Basin	摩洛哥	26220	1484	14792	2815	1	0	1	26	1	2		
50	坦桑尼亚海岸盆地	Tanzania Coastal Basin	坦桑尼亚	131086	959	22754	3007	46	0	4	51391	7	747		
51	陶丹尼盆地	Taoudeni Basin	毛里塔尼亚-马里	1847073				0	0		0	4			
52	廷杜夫盆地	Tindouf Basin	摩洛哥-阿尔及利亚（及西撒哈拉地区）	222395				0	0		0	0			
53	韦德迈阿盆地	Oued Mya Basin	阿尔及利亚	103849	155	411	192	197	23	174	585	6	47		

续表

序号	中文	英文	所属国家	盆地面积/万平方千米	待发现资源量			石油			天然气			探明率/%	
					石油/兆吨	天然气/亿立方米	油气合计/兆吨	总可采储量/兆吨	累计产量/兆吨	剩余可采储量/兆吨	总可采储量/亿立方米	累计产量/亿立方米	剩余可采储量/亿立方米	石油	天然气
54	西奈盆地	Sinai Basin	埃及	153388				1	7		0	3			
55	西南非海岸盆地	Southwest African Coastal Basin	纳米比亚-南非	497150	241	7062	877	6	0	6	689	0	62		
56	西沙漠盆地	Wester Desert Basin	埃及-利比亚	232789				80	358		39	417			
57	昔兰尼加盆地	Cyrenaica Basin	利比亚	123452	29	377	63	19	0	19	25	0	2		
58	锡尔特盆地	Sirte Basin	利比亚	495510	637	7864	1345	5634	3644	1990	15659	428	981		
59	下刚果-刚果扇盆地	Congo Fan	加蓬-刚果-安哥拉	484490	1891	4612	2306	4310	1934	2391	11885	33	1039		
60	盐池盆地	Saltpond Basin	加纳	12236				1	0		1	0			
61	伊利兹盆地	Illizi Basin	阿尔及利亚-利比亚	146797	275	4026	637	813	331	482	14027	43	1220		
62	乍得盆地	Chad Basin	尼日尔-乍得	1038380	371	3716	705	87	0	87	87	0	8		
63	中阿特拉斯地堑	Central Atlas Graben Zone	突尼斯-阿尔及利亚	14349				0	4		0	1			

附表4 非洲主要资源国石油产量、消费量、贸易量表

(单位:万吨)

序号	国家(地区)	产量	消费量	进口贸易量	出口贸易量	产量、消费量数据来源及数据截止年度	进出口贸易量数据来源及截止年度
1	尼日利亚	9525.11	1600	2100	9110	BP能源统计,2018	中石油经研院,2018
2	安哥拉	8183	630	400	7786	中石油经研院,2018	中石油经研院,2018
3	阿尔及利亚	6664.6	1871.13	14.6	4096	中石油经研院,2018	中石油经研院,2018
4	利比亚	4076	1240	450	2317	中石油经研院,2018	中石油经研院,2018
5	埃及	3217.8	3837.91	367	740	中石油经研院,2018	中石油经研院,2018
6	刚果(布)	1469	50		1319	中石油经研院,2018	中石油经研院,2018
7	加蓬	997	90		1097	中石油经研院,2018	中石油经研院,2018
8	赤道几内亚	900	10		1132	中石油经研院,2018	中石油经研院,2018
9	苏丹	600	500		851	中石油经研院,2018	中石油经研院,2018
10	乍得	543	11		550	中石油经研院,2018	中石油经研院,2018
11	南苏丹	534.7			897	中石油经研院,2018	中石油经研院,2018
12	加纳	505	395			EIA,2017(产量),2016(消费量)	
13	喀麦隆	500	210	188	254.2	《油气杂志》,2016	EIA,2015
14	突尼斯	241.49	430	106	167	中石油经研院,2018	中石油经研院,2018
15	科特迪瓦	155	215	375	176	《油气杂志》,2016	EIA,2015
16	刚果(金)	104.3	125		104.2	EIA,2017(产量),2016(消费量)	CIA,2015
17	埃塞俄比亚	83.4	143.1			EIA,2017	
18	尼日尔	65	65			EIA,2016	EIA,2015
19	毛里塔尼亚	25	80		56	《油气杂志》,2016	EIA,2015
20	中非	15.6	0			EIA,2016	
21	南非	10	2790	2265		中石油经研院,2018	中石油经研院,2018
22	赞比亚	1.03	120	58.4		EIA,2017(产量),2016(消费量)	CIA,2015
23	马拉维	1	35	36		EIA,2017(产量),2016(消费量)	
24	津巴布韦	0.62	151			EIA,2017(产量),2016(消费量)	
25	摩洛哥	0.47	1287.33	215		BP能源统计,2018	OPEC能源统计,2017
26	塞拉里昂	0.13	37.5			EIA,2016	
27	卢旺达	0.05	31.3			EIA,2017(产量),2016(消费量)	
28	坦桑尼亚	0.05	300			EIA,2017(产量),2016(消费量)	
29	塞内加尔	0	220	86		IHS,2016	EIA,2015
30	马达加斯加		75	79		EIA,2016	CIA,2015
31	乌干达		140.8			EIA,2016	
32	布隆迪		7.8			EIA,2016	
33	博茨瓦纳		120			EIA,2016	
34	斯威士兰		25			EIA,2016	
35	莱索托		25			EIA,2016	
36	纳米比亚		125			EIA,2016	
37	科摩罗		6.5			EIA,2016	
38	留尼旺岛		90			EIA,2016	
39	毛里求斯		130			EIA,2016	
40	塞舌尔		32.5			EIA,2016	
41	利比里亚		33			EIA,2016	
42	几内亚比绍		12.5			EIA,2016	
43	佛得角		30			EIA,2016	
44	肯尼亚		485			EIA,2016	
45	厄立特里亚		18.8			EIA,2016	
46	吉布提		31.3			EIA,2016	
47	索马里		29.7			EIA,2016	
48	马里		37.5			EIA,2016	
49	贝宁		220			EIA,2017	
50	多哥		70			EIA,2016	
51	西撒哈拉		8.5			EIA,2016	
52	冈比亚		18			EIA,2016	

附 表

附表5 非洲主要资源国天然气产量、消费量、贸易量表

(单位：亿立方米)

序号	国家	产量	消费量	进口贸易量	出口贸易量	产量、消费量数据来源及截止年度	进出口贸易量数据来源及截止年度
1	阿尔及利亚	912.45	388.85		568.00	中石油经研院，2018	中石油经研院，2018
2	埃及	490.18	559.76	61.00	30.00	BP能源统计，2018	中石油经研院，2018
3	尼日利亚	472.06	151.10		262.00	中石油经研院，2018	中石油经研院，2018
4	利比亚	115.26	66.67		51.00	中石油经研院，2018	中石油经研院，2018
5	赤道几内亚	60.00	25.60		50.00	中石油经研院，2018	中石油经研院，2018
6	莫桑比克	57.00	19.00		38.00	中石油经研院，2018	中石油经研院，2018
7	安哥拉	28.00	10.00		12.00	中石油经研院，2018	中石油经研院，2018
8	突尼斯	26.00	61.11	38.00			中石油经研院，2018
9	科特迪瓦	21.00	20.00			中石油经研院，2018	
10	喀麦隆	19.80	4.80			中石油经研院，2018	
11	刚果（布）	17.00	1.10			中石油经研院，2018	
12	南非	11.00	45.00	38.00		BP能源统计，2018	BP能源统计，2018
13	加蓬	8.00	4.40			EIA，2016	
14	坦桑尼亚	11.00				EIA，2016	EIA，2015
15	摩洛哥	0.81	11.38	5.00		BP能源统计，2018	OPEC，2017
16	苏丹				38.00		
17	加纳		7.00	5.80			CIA世界概览统计，2014
18	埃塞俄比亚		5.40	5.40		EIA，2015	EIA，2015
19	刚果（金）		188.00			EIA，2016	
20	纳米比亚			5.00			CIA世界概览统计，2014
21	塞内加尔	0.46	0.45			EIA，2016	

附表6 非洲主要含油气盆地油气田数据表

序号	英文盆地名称	中文盆地名称	油气田	发现年份	产层时代	顶部深度/米	岩性	净厚度/米	2P可采储量 石油/兆吨	2P可采储量 天然气/兆立方米	2P可采储量 凝析油/兆吨	2P储量油当量/兆吨
1	Aaiun-Tarfaya Basin	阿尤恩－塔尔法雅盆地	Ras Juby	1969	白垩系	坎纳多港组	碳酸盐岩		1.92	42.48		1.96
2	Aaiun-Tarfaya Basin	阿尤恩－塔尔法雅盆地	Cap Boujdour 1	2015	白垩系	下白垩统	砂岩		0.00	1 415.84	0.07	1.34
3	Aaiun-Tarfaya Basin	阿尤恩－塔尔法雅盆地	Sidi Moussa 1	2014	白垩系	下侏罗统	鲕粒碳酸盐－石灰岩		0.55	283.17	0.00	0.80
4	Ahnet Basin	阿赫奈特盆地	Bahar El Hammar	1957	奥陶系	奥陶系	150	石英砂岩		28 316.80	0.14	25.62
5	Ahnet Basin	阿赫奈特盆地	Gour Mahmoud (ISSF)	1905	志留系	爱德华组	306	砂岩		23 786.11	0.12	21.52
6	Ahnet Basin	阿赫奈特盆地	Gour Mahmoud (ISSF)	1991	泥盆系	阿尔盖斯特费格尼特组	306	砂岩	6.10		10 194.05	0.05	9.22
7	Allal High	阿拉尔高地	Reg Mouaded	2008	泥盆系	德希萨组	450	砂岩			8 495.04	0.04	7.69
8	Allal High	阿拉尔高地	Reg Mouaded Sudest 1	2011	泥盆系	德希萨组	436	砂岩			283.17		0.26
9	Anambra Basin	阿南布拉盆地	Ihandiagu 1	1967	白垩系	埃泽阿库组		砂岩－页岩			19 821.76	0.10	17.94
10	Anambra Basin	阿南布拉盆地	Amansiodo 1	1953	白垩系	阿巴尼组岩段	269	钙质砂岩－石灰岩	46.02		141.58	0.00	0.13
11	Anza Basin	安扎盆地	Sala 1	2014	白垩系	下白垩统	300	砂岩	124.97		14 016.82	0.07	12.68
12	Anza Basin	安扎盆地	Sala 1	2014	白垩系	下白垩统	300	砂岩			849.50		0.77
13	Anza Basin	安扎盆地	Bogal 1	2010	白垩系	下白垩统	245	砂岩－砾岩	28.96		792.87	0.01	0.72
14	Benin Embayment	贝宁盆地	Aje	1996	白垩系	阿贝奥库塔群		砂岩	52.12	1.51	20 501.36	3.01	22.97
15	Benin Embayment	贝宁盆地	Ogo 1	2013	白垩系	阿尔布阶		砂岩		0.00	9 910.88	5.48	14.40
16	Benin Embayment	贝宁盆地	Hihon 1	2003	白垩系	阿尔布砂岩组		砂岩		6.85	1 755.64		8.43
17	Benin Embayment	贝宁盆地	Ogo 1	2013	白垩系	阿贝奥库塔群		砂岩		6.16	1 132.67		7.18
18	Benue Trough	贝努埃盆地	Kolmani River 1	1999	白垩系	约德组	314	砂岩			934.45		0.84
19	Bongor Trough	邦戈尔盆地	Baobab	2006	白垩系	下白垩统	340	砂岩		10.41	1 132.67		11.43
20	Bongor Trough	邦戈尔盆地	Baobab	1905	寒武系	基底	340	花岗岩		10.27	283.17		10.53
21	Bongor Trough	邦戈尔盆地	Mimosa	2004	白垩系	库巴拉群	326	砂岩		4.11	169.90		4.26
22	Bongor Trough	邦戈尔盆地	Ronier	2007	白垩系	罗尼尔群	340	砂岩	23.90	4.11	84.95		4.19

续表

序号	英文盆地名称	中文盆地名称	油气田	发现年份	产层时代	顶部深度/米	岩性	净厚度/米	2P 可采储量 石油/兆吨	2P 可采储量 天然气/兆立方米	2P 可采储量 凝析油/兆吨	2P 储量油当量/兆吨
23	Central Atlas Graben Zone	中阿特拉斯地堑	Douleb	1905	白垩系	B 层	1009	白云岩		1.51	70.79		1.57
24	Central Atlas Graben Zone	中阿特拉斯地堑	Douleb	1905	白垩系	D 层	1009	石灰岩		1.37	70.79		1.43
25	Central Atlas Graben Zone	中阿特拉斯地堑	Douleb	2003	白垩系	拜得巴斯	1009	砂岩－白云岩		0.55	14.16		0.56
26	Chad Basin	乍得盆地	Dibella Nord	1905	古近系	E5 单元	400	砂岩		6.99	21.24		7.01
27	Chad Basin	乍得盆地	Agadi	1994	古近系	E1 单元	369	砂岩	1.83	5.21	28.32		5.23
28	Chad Basin	乍得盆地	Fana 1	1905	古近系	索卡尔 1 组	360	砂岩		5.18	16.99		5.19
29	Congo Fan	下刚果－刚果扇盆地	Hungo (Kizomba A)	1998	新近系	马伦坡组		砂岩	124.97	95.89	4247.52		99.71
30	Congo Fan	下刚果－刚果扇盆地	Garoupa 1	1981	白垩系	品达组		白云灰岩		0.07	84950.40	8.22	84.75
31	Congo Fan	下刚果－刚果扇盆地	Girassol	1996	新近系	马伦坡组		砂岩	67.97	61.64	13450.48		73.75
32	Congo Fan	下刚果－刚果扇盆地	Dalia Complex	1997	新近系	戴利亚 2 单元		砂岩	25.91	56.16	6796.03		62.28
33	Congo Fan	下刚果－刚果扇盆地	Dikanza (Kizomba B)	1998	新近系	马伦坡组		砂岩		54.79	5097.02		59.38
34	Congo Fan	下刚果－刚果扇盆地	Plutonio (Greater Plutonio Complex)	1999	新近系	马伦坡组		砂岩		47.95	8495.04		55.59
35	Cote d'Ivoire Basin	科特迪瓦盆地	Jubilee	2007	白垩系	举贝		砂岩	57.91	54.79	13592.06		67.03
36	Cote d'Ivoire Basin	科特迪瓦盆地	Jubilee	2007	白垩系	举贝		砂岩	17.07	41.10	10194.05		50.27
37	Cote d'Ivoire Basin	科特迪瓦盆地	Baobab	2001	白垩系	上阿尔布阶		砂岩	91.41	29.73	2123.76		31.64
38	Cote d'Ivoire Basin	科特迪瓦盆地	Paon 1	2012	白垩系	土伦统		砂岩	31.09	18.49	14158.40		31.24
39	Cyrenaica Platform	昔兰尼加盆地	002-B-001	1964	石炭系	上石炭统	149	砂岩		0.00	1415.84	0.01	1.28
40	Djefara Basin	吉夫腊盆地	137-H-001	1977	古近系	杰迪尔组		灰岩		3.56	877.82		4.35
41	Djefara Basin	吉夫腊盆地	Ezzaouia	1905	白垩系	姆拉廷段	63	砂岩		2.71	339.80		3.02
42	Djefara Basin	吉夫腊盆地	NC041-K-001	1980	古近系	达赫曼组		石灰岩			2123.76	0.33	2.24
43	Djefara Basin	吉夫腊盆地	Ezzaouia	1905	白垩系	中泽布包段	63	白云岩		1.91	11.33		1.92
44	Doba Trough	多巴盆地	Kome	1977	白垩系	上白垩统		砂岩		65.62	1387.52		66.87
45	Doba Trough	多巴盆地	Miandoum	1975	白垩系	上白垩统	405	砂岩	32.92	39.73	1642.37		41.20
46	Doba Trough	多巴盆地	Bolobo	1990	白垩系	上白垩统	401	砂岩	48.80	17.12	707.92		17.76
47	Doseo Trough	多赛奥盆地	Kibea 1	1986	白垩系	下白垩统 E 砂岩单元	397	砂岩		6.29	254.85		6.52
48	Doseo Trough	多赛奥盆地	Kedeni 1	1977	白垩系	下白垩统	401	砂岩		0.08	1076.04		1.05
49	Doseo Trough	多赛奥盆地	Maku 1	1985	白垩系	下白垩统 C 砂岩单元	372	砂岩		0.30	141.58		0.43
50	Douala Basin	杜阿拉盆地	Alen	2005	新近系	苏拉巴巴组		砂岩			26334.62	12.05	35.76
51	Douala Basin	杜阿拉盆地	Aseng	2007	新近系	苏拉巴巴组		砂岩	45.11	20.55	4247.52	0.00	24.37
52	Douala Basin	杜阿拉盆地	Sanaga Sud	1979	白垩系	蒙塔克组		砂岩	260.91		25485.12	0.98	23.92
53	Douala Basin	杜阿拉盆地	Matanda Nord 1	1980	白垩系	洛巴巴组		砂岩			11326.72	3.15	13.35
54	Douala Basin	杜阿拉盆地	Yolanda 1	2007	新近系	苏拉巴巴组		砂岩	14.02		14158.40	0.68	13.43
55	East African Rift System, Eastern Branch	东非裂谷东支	Ngamia 1	2012	新近系	奥威尔砂岩组	735	砂岩	199.95	39.27	1387.52		40.52
56	East African Rift System, Eastern Branch	东非裂谷东支	Amosing 1	2014	新近系	奥威尔砂岩组	720	砂岩	199.95	20.68	707.92		21.32
57	East African Rift System, Eastern Branch	东非裂谷东支	Ekales 1	2013	新近系	奥威尔砂岩组	680	砂岩		14.38	849.50		15.15
58	East African Rift System, Eastern Branch	东非裂谷东支	Twiga South 1	2012	新近系	奥威尔砂岩组	700	砂岩		11.88	707.92		12.51
59	East African Rift System, Western Branch	东非裂谷西支	Jobi-Rii	2008	新近系	上上新统	650	砂岩	42.98	42.60	580.49		43.13
60	East African Rift System, Western Branch	东非裂谷西支	Ngiri 1	2008	新近系	上上新统	650	砂岩	46.02	29.73	1160.99		30.77

续表

序号	英文盆地名称	中文盆地名称	油气田	发现年份	产层时代	顶部深度/米	岩性	净厚度/米	2P 可采储量 石油/兆吨	2P 可采储量 天然气/兆立方米	2P 可采储量 凝析油/兆吨	2P 储量油当量/兆吨
61	East African Rift System, Western Branch	东非裂谷西支	Jobi East 1	2011	新近系 上上新统	681	砂岩	20.12	27.40	353.96		27.72
62	East African Rift System, Western Branch	东非裂谷西支	Kingfisher	2007	新近系 下二叠统	623	砂岩	43.89	26.03	1245.94		27.15
63	Essaouira Basin	索维拉盆地	Meskala	1977	三叠系 上三叠统	432	砂岩	14.94		1498.53	0.22	1.57
64	Essaouira Basin	索维拉盆地	Sidi Rhalem	1961	侏罗系 卡洛维亚中期牛津统	632	白云岩-白云岩灰岩	29.87	0.99	28.32		1.02
65	Essaouira Basin	索维拉盆地	Djebel Kechoula	1957	侏罗系 卡洛维亚中期牛津统	518	白云岩-白云岩灰岩	45.11		531.51	0.03	0.51
66	Gabon Coastal Basin	加蓬海岸盆地	Rabi-Kounga	1985	白垩系 甘巴/迪泰尔组	35	砂岩	57.00	123.29	16990.08	2.05	140.64
67	Gabon Coastal Basin	加蓬海岸盆地	Nyonie Deep 1	2014	白垩系 甘巴组		砂岩			57341.52	5.48	57.09
68	Gabon Coastal Basin	加蓬海岸盆地	Grondin Marine	1971	白垩系 巴丹加组		砂岩		32.88	4530.69		36.95
69	Gabon Coastal Basin	加蓬海岸盆地	Torpille Marine	1968	白垩系 恩成格洋组		泥质灰岩-钙质砂岩		22.05	7928.70		29.19
70	Gabon Coastal Basin	加蓬海岸盆地	Anguille Marine	1962	白垩系 下安吉尔组		粉砂岩-砂岩	23.97	4955.44		28.43	
71	Gabon Coastal Basin	加蓬海岸盆地	Anguille Marine	1962	白垩系 上安吉尔组		粉砂岩-砂岩	49.99	23.97	4955.44		28.43
72	Ghadames Basin	古达米斯盆地	Zohr	2015	新近系 盐下层系		石灰岩			608811.20	2.60	550.59
73	Ghadames Basin	古达米斯盆地	Ourhoud	1994	侏罗系 特里亚斯阿尔及利亚段	209	砂岩	57.91	184.93	9910.88		193.85
74	Ghadames Basin	古达米斯盆地	Hassi Berkine Sud	1995	三叠系 特里亚斯阿尔及利亚段	194	砂岩	25.91	109.59	27467.30		134.31
75	Ghadames Basin	古达米斯盆地	El Borma	1964	三叠系 基查组	250	砂岩	21.95	57.53	15432.66	1.92	73.34
76	Gindi Basin	金迪盆地	Qarun	1994	白垩系 戈伦单元	218	砂岩		9.49	502.62		9.95
77	Gindi Basin	金迪盆地	Silah	2008	白垩系 上巴哈利亚段	15	砂岩		3.08	70.79		3.15
78	Gindi Basin	金迪盆地	Heba	2008	白垩系 巴哈利亚组	270	砂岩	17.07	2.95	56.63		3.00
79	Gulf of Suez Basin	苏伊士湾盆地	Morgan	1965	新近系 南方单元		砂岩-安吉尔砂岩-粉质页岩	213.06	164.38	21237.60		183.50
80	Gulf of Suez Basin	苏伊士湾盆地	October	1977	白垩系 努比亚群		砂岩-页岩	139.90	143.84	7362.37		150.46
81	Gulf of Suez Basin	苏伊士湾盆地	Belayim Marine	1961	新近系 卡里姆/鲁迪斯组		砂岩	89.92	104.11	14243.35	0.71	117.64
82	Gulf of Suez Basin	苏伊士湾盆地	Belayim Land	1955	新近系 西德里段		砂岩-页岩-碳酸盐岩		81.64	1353.54		82.86
83	Gulf of Suez Basin	苏伊士湾盆地	Ramadan	1974	石炭系 努比亚C段		砂岩	338.02	69.86	7220.78		76.36
84	Hassi Messaoud (El Biod) High	哈西迈萨乌德隆起	Hassi Messaoud	1956	奥陶系 瑞单元	160	石英砂岩	60.96	1369.86	219455.20		1567.39
85	Hassi Messaoud (El Biod) High	哈西迈萨乌德隆起	Rhourde El Baguel	1962	奥陶系 奥陶系	150	石英砂岩	321.87	109.59	33980.16		140.17
86	Hassi Messaoud (El Biod) High	哈西迈萨乌德隆起	Rhourde Nouss	1962	奥陶系 哈姆拉石英岩	258	石英砂岩	199.95		104347.41	32.74	126.66
87	Illizi Basin	伊利兹盆地	Tin Fouye-Tabankort	1960	奥陶系 上奥陶统	540	砂岩-安吉尔砂岩	39.93	79.45	241825.47	36.99	334.10
88	Illizi Basin	伊利兹盆地	Alrar	1961	泥盆系 F3砂岩单元	700	石英砂岩-含壳黏土	24.99	1.03	182161.97	42.47	207.46
89	Illizi Basin	伊利兹盆地	Zarzaitine	1957	泥盆系 F4砂岩单元	566	砂岩	28.04	146.37	40634.61	0.12	183.07
90	Illizi Basin	伊利兹盆地	Tiguentourine (In Amenas)	1905	奥陶系 塔马杰特组	580	砂岩			147247.36	36.16	168.70
91	Karoo Basin	卡鲁盆地	KA 3PT (Amersfoort)	2013	二叠系 爱卡群	1680	煤层			31431.65		28.29
92	Karoo Basin	卡鲁盆地	KA 3PT (Amersfoort)	2013	二叠系 爱卡群	1680	砂岩-碳酸质泥岩			10562.17		9.51
93	Khartoum Basin	喀土穆盆地	Tawakul 1	1905	白垩系 丁德尔组	432	砂岩			707.92		0.64
94	Khartoum Basin	喀土穆盆地	Hosan 1	2005	白垩系 丁德尔组	400	砂岩			424.75		0.38

续表

序号	英文盆地名称	中文盆地名称	油气田	发现年份	产层时代	顶部深度/米	岩性	净厚度/米	2P 可采储量 石油/兆吨	2P 可采储量 天然气/兆立方米	2P 可采储量 凝析油/兆吨	2P 储量油当量/兆吨
95	Kwanza Basin	宽扎盆地	Katambi 1	2015	白垩系	盐下层系		碳酸盐岩-砂岩			150 079.04	19.18	154.26
96	Kwanza Basin	宽扎盆地	Lontra 1	2013	白垩系	盐下层系		碳酸盐岩	74.98		70 792.00	13.70	77.42
97	Kwanza Basin	宽扎盆地	Orca / Baleia 1A	1996	白垩系	盐下层系		碳酸盐岩		47.95	20 104.93	1.78	67.82
98	Kwanza Basin	宽扎盆地	Zalophus 1	2016	白垩系	盐下层系		碳酸盐岩		0.00	56 633.60	19.18	70.15
99	Lamu Basin	拉穆盆地	Mbawa 1	2012	白垩系	上白垩统		砂岩	52.12	0.00	7 362.37	0.11	6.74
100	Lamu Basin	拉穆盆地	Sunbird 1	2014	新近系	拉穆礁组		石灰岩		1.37	2 690.10		3.79
101	Levantine Basin	黎凡特盆地	Leviathan	2010	新近系	塔马砂岩		砂岩			620 987.42	5.40	564.34
102	Levantine Basin	黎凡特盆地	Tamar	2009	新近系	塔马砂岩		砂岩			283 168.00	1.77	256.64
103	Levantine Basin	黎凡特盆地	Gaza Marine 1	2000	新近系	诺亚砂岩		砂岩			45 306.88	0.21	40.99
104	Levantine Basin	黎凡特盆地	Karish 1	2013	新近系	塔马砂岩		砂岩			36 302.14	1.88	34.55
105	Lower Congo Basin	下刚果-刚果扇盆地	Takula	1905	白垩系	上维梅拉段		石英砂岩-白云质砂岩		136.99	9 004.74		145.09
106	Lower Congo Basin	下刚果-刚果扇盆地	Nemba	1990	白垩系	品达组		碎屑岩-碳酸盐岩		50.68	53 801.92	12.33	111.44
107	Lower Congo Basin	下刚果-刚果扇盆地	Sanha (Sanha Complex)	1987	白垩系	品达组		砂岩		21.92	70 792.00	15.07	100.71
108	Lower Congo Basin	下刚果-刚果扇盆地	Pacassa	1982	白垩系	上帕卡萨相		白云岩		75.34	14 158.40		88.09
109	Lower Congo Basin	下刚果-刚果扇盆地	Nene Marine	2012	白垩系	杰诺砂岩组		砂岩-粉砂岩-碳酸质砂岩		49.32	27 467.30	3.42	77.46
110	Melut Basin	米鲁特盆地	Palogue	1905	古近系	法尔单元	390	砂岩	42.06	52.74	688.95		53.36
111	Melut Basin	米鲁特盆地	Adar-Yale	1981	古近系	亚达	395	砂岩	29.81	21.51	99.11		21.60
112	Melut Basin	米鲁特盆地	Adar-Yale	1982	古近系	耶鲁单元	395	砂岩	27.49	19.59	84.95		19.67
113	Morondava Basin	穆龙达瓦盆地	Tsimiroro	1905	侏罗系	安博罗安多砂岩单元	246	砂岩	45.69	89.73	1 104.36		90.72
114	Morondava Basin	穆龙达瓦盆地	Bemolanga	1905	侏罗系	伊萨洛群	270	沥青砂	79.86	59.59	0.00		59.59
115	Morondava Basin	穆龙达瓦盆地	Tsimiroro	1905	三叠系	伊萨洛 I 组	246	砂岩		2.74	141.58		2.87
116	Mozambique Basin	莫桑比克盆地	Pande	1961	白垩系	G6 砂岩单元	58	砂岩			94 464.84	0.46	85.48
117	Mozambique Basin	莫桑比克盆地	Nemo 1	1970	白垩系	多莫砂岩组		石英砂岩			65 128.64	0.68	59.31
118	Mozambique Basin	莫桑比克盆地	Inhassoro	1965	白垩系	G6 砂岩单元	49	格拉古砂岩-石英砂岩		10.27	18 051.96	1.81	28.33
119	Mozambique Basin	莫桑比克盆地	Temane	1957	白垩系	中部	32	格拉古砂岩-石英砂岩			28 316.80	1.23	26.72
120	Mozambique Basin	莫桑比克盆地	Njika 1	2008	白垩系	G5 砂岩单元		砂岩	53.95		28 316.80	0.41	25.90
121	Muglad Basin	穆格莱德盆地	Toma South	1996	白垩系	本提乌 I 单元	396	砂岩	56.08	14.79	9.20		14.80
122	Muglad Basin	穆格莱德盆地	Jake South	2007	白垩系	本提乌组	500	砂岩-页岩		13.70	283.17		13.95
123	Muglad Basin	穆格莱德盆地	Thar Jath	1999	白垩系	本提乌组	391	砂岩	54.86	10.96	113.27		11.06
124	Murzuq Basin	穆尔祖克盆地	Elephant (NC174-F)	1997	奥陶系	梅奥尼亚特组	846	砂岩		104.11	566.34		104.62
125	Murzuq Basin	穆尔祖克盆地	El Sharara A	1984	奥陶系	梅奥尼亚特组	524	砂岩	14.02	89.04	1 132.67		90.06
126	Murzuq Basin	穆尔祖克盆地	NC186-I/NC115-R	2005	奥陶系	梅奥尼亚特组	525	砂岩		64.93	10 760.38		74.62
127	Murzuq Basin	穆尔祖克盆地	El Sharara B	1984	志留系	下志留统	533	砂岩-砾岩	100.89	53.29	283.17		53.54
128	Nama-Kalahari Basins	纳马-卡拉哈里盆地	NEB 352-1-055	2013	二叠系	莫鲁普尔组	1 060	煤-碳酸岩泥岩-页岩			1 755.64		1.58
129	Nama-Kalahari Basins	纳马-卡拉哈里盆地	Lesedi CBM	2011	二叠系	莫鲁普尔组	1 110	煤层	24.99		99.11		0.09
130	Niger Delta	尼日尔三角洲盆地	Okan	1964	新近系	阿格巴达组		砂岩	341.99	148.63	179 103.76	26.03	335.87

续表

序号	英文盆地名称	中文盆地名称	油气田	发现年份	产层时代	顶部深度/米	岩性	净厚度/米	2P 可采储量 石油/兆吨	2P 可采储量 天然气/兆立方米	2P 可采储量 凝析油/兆吨	2P 储量油当量/兆吨
131	Niger Delta	尼日尔三角洲盆地	Ubit	1968	新近系	瓦砾/比夫拉段		砂岩-页岩	156.06	169.18	89 820.89		250.03
132	Niger Delta	尼日尔三角洲盆地	Nembe Creek	1973	新近系	阿格巴达组	12	砂岩	231.95	170.14	76 455.36	4.79	243.75
133	Niger Delta	尼日尔三角洲盆地	Forcados Yokri	1968	新近系	阿格巴达组		砂岩	524.87	195.89	34 036.79	0.21	226.73
134	Niger Delta	尼日尔三角洲盆地	Soku	1958	新近系	阿格巴达组	11	砂岩	139.90	49.73	135 071.14	12.74	184.04
135	Nile Delta Basin	尼罗河三角洲盆地	Temsah	1981	新近系	特玛单元		砂岩	70.10		99 108.80	12.47	101.67
136	Nile Delta Basin	尼罗河三角洲盆地	Wakar	1983	新近系	瓦卡尔段		砂岩-页岩			70 792.00	27.40	91.12
137	Nile Delta Basin	尼罗河三角洲盆地	Abu Madi - El Qara	1967	新近系	阿布马迪三层系	2	砂岩-页岩			94 436.53	8.22	93.22
138	Nile Delta Basin	尼罗河三角洲盆地	Port Fouad Marine	1982	新近系	瓦卡尔段		砂岩-碎屑岩	21.03		56 633.60	12.05	63.03
139	Nile Delta Basin	尼罗河三角洲盆地	Saffron (WDDM)	1998	新近系	埃尔瓦特尼组		砂岩			63 712.80	0.77	58.12
140	Nile Delta Basin	尼罗河三角洲盆地	Scarab (WDDM)	1998	新近系	埃尔瓦特尼组		砂岩			63 712.80	0.77	58.12
141	Nile Delta Basin	尼罗河三角洲盆地	Ha'py	1996	新近系	卡夫尔酋长组		砂岩-黏土岩	68.88		50 970.24	0.41	46.29
142	Oued Mya Basin	韦德迈阿盆地	Ben Kahla	1966	侏罗系	特里亚斯阿尔及利亚段	200	砂岩		31.64	11 751.47	0.41	42.63
143	Oued Mya Basin	韦德迈阿盆地	Haoud Berkaoui	1965	侏罗系	特里亚斯阿尔及利亚段	229	砂岩	6.10	24.79	6 739.40	0.00	30.86
144	Oued Mya Basin	韦德迈阿盆地	Ait Kheir	1971	侏罗系	三叠统 T1 单元	389	砂岩	38.50	20.55	7 433.16	0.34	27.58
145	Oued Mya Basin	韦德迈阿盆地	Oued Noumer	1969	侏罗系	特里亚斯阿尔及利亚段	427	砂岩		12.33	8 778.21	3.42	23.65
146	Oued Mya Basin	韦德迈阿盆地	Haoud Berkaoui	1965	三叠系	三叠统 T1 单元	229	石英砂岩	21.03	13.70	3 737.82		17.06
147	Oued Mya Basin	韦德迈阿盆地	Guellala	1969	侏罗系	特里亚斯阿尔及利亚段	200	砂岩		13.97	2 973.26		16.65
148	Outeniqua Basin	奥坦尼瓜盆地	F-A (Mossel Bay)	1981	白垩系	瓦兰今阶		砂岩	71.93		31 148.48	3.56	31.60
149	Outeniqua Basin	奥坦尼瓜盆地	Sofala 2	2000	白垩系	G11 砂岩单元		格拉古砂岩-石英砂岩			33 980.16	0.55	31.13
150	Outeniqua Basin	奥坦尼瓜盆地	E-M	1984	白垩系	瓦兰今阶		砂岩			11 326.72	0.82	11.02
151	Pelagian Basin	佩拉杰盆地	Bahr Essalam (NC041-C)	1978	古近系	杰迪尔组		石灰岩		34.25	186 607.71	26.58	228.79
152	Pelagian Basin	佩拉杰盆地	Bouri (NC041-B)	1977	古近系	法华群		石灰岩-白云岩	104.85	85.62	62 296.96	13.70	155.39
153	Pelagian Basin	佩拉杰盆地	NC041-E-001	1977	古近系	杰迪尔组		石灰岩		75.34	42 475.20		113.57
154	Pelagian Basin	佩拉杰盆地	NC041-D-002	1977	古近系	杰迪尔组		石灰岩			90 613.76	13.70	95.26
155	Pelagian Basin	佩拉杰盆地	137N-C-001	1976	古近系	杰迪尔组		石灰岩			73 623.68	17.81	84.08
156	Red Sea Basin	红海盆地	Barqan 1	1969	新近系	中中新统		砂岩		6.85	28 883.14	13.70	46.55
157	Red Sea Basin	红海盆地	Duba 1	1905	新近系	沃季赫组		砂岩-砾岩			31 148.48	1.37	29.41
158	Red Sea Basin	红海盆地	Shaur 1	2012	新近系	沃季赫组		砂岩-砾岩			31 856.40	0.68	29.36
159	Red Sea Basin	红海盆地	Midyan	1992	新近系	瓦迪段	70	石灰岩	17.98	1.37	17 046.71	4.38	21.10
160	Red Sea Basin	红海盆地	Suakin 1	1976	新近系	萨肯单元		白云质砂岩-无球状砂岩	36.88		15 574.24	2.74	16.76
161	Reggane Basin	雷甘盆地	Reggane	1905	泥盆系	德希萨组	273	砂岩			28 316.80	0.10	25.58
162	Reggane Basin	雷甘盆地	Kahal Tabelbala Nord 1	2003	泥盆系	德希萨组	340	砂岩			8 880.15	0.04	8.03
163	Reggane Basin	雷甘盆地	Reggane	2007	奥陶系	塔马杰特组	265	砂岩			8 495.04	0.01	7.66
164	Rharb-Prerif Basin	拉尔勃-前里弗盆地	Anchois 1	2009	新近系	B 砂岩		砂岩	39.93		2 746.73		2.47
165	Rharb-Prerif Basin	拉尔勃-前里弗盆地	Ksiri	1971	新近系	马恩斯布鲁斯组	15	砂岩	49.99		866.49		0.78
166	Rharb-Prerif Basin	拉尔勃-前里弗盆地	Anchois 1	2009	第四纪	A1-A2 砂岩		砂岩	39.93		849.50		0.77
167	Rio Muni Basin	里奥穆尼盆地	Ceiba	1999	白垩系	初级木棉池单元		砂岩	96.01	23.97	2 548.51		26.27

续表

序号	英文盆地名称	中文盆地名称	油气田	发现年份	产层时代	顶部深度/米	岩性	净厚度/米	2P 可采储量			2P 储量油当量/兆吨
									石油/兆吨	天然气/兆立方米	凝析油/兆吨	
168	Rio Muni Basin	里奥穆尼盆地	Okume (Okume Complex)	2001	白垩系	白垩系	砂岩	52.49	8.22	1699.01		9.75
169	Rio Muni Basin	里奥穆尼盆地	Oveng (Okume Complex)	2001	白垩系	奥文单元	砂岩	104.85	6.85	2265.34		8.89
170	Rovuma Basin	鲁伍马盆地	Prosperidade Complex	2010	新近系	普鲁斯维德德单元	砂岩	147.49		688098.24	2.88	622.23
171	Rovuma Basin	鲁伍马盆地	Mamba Complex	2011	新近系	洛瓦马三角洲杂岩	砂岩			622969.60	5.48	566.21
172	Rovuma Basin	鲁伍马盆地	Mamba Complex	2011	古近系	始新统	砂岩			453068.80	3.84	411.64
173	Rovuma Basin	鲁伍马盆地	Golfinho/Atum	2012	新近系	洛瓦马三角洲杂岩	砂岩	171.91		441742.08	2.85	400.46
174	Rovuma Basin	鲁伍马盆地	Golfinho/Atum	2012	新近系	洛瓦马三角洲杂岩	砂岩			368118.40	2.49	333.83
175	Rovuma Basin	鲁伍马盆地	Coral	2012	古近系	古近系—始新统	砂岩			339801.60	2.19	308.04
176	Rovuma Basin	鲁伍马盆地	Orca 1	2013	古近系	古近系—始新统	砂岩	75.90		294494.72	2.85	267.92
177	Rovuma Basin	鲁伍马盆地	Mamba Complex	2012	古近系	古近系—始新统	砂岩			198217.60	1.92	180.33
178	Saltpond Basin	盐池盆地	Saltpond	1970	石炭系	塔科拉迪B砂岩单元	石英砂岩		0.52	644.49		1.10
179	Saltpond Basin	盐池盆地	Saltpond	1970	石炭系	塔科拉迪A砂岩单元	石英砂岩		0.23	322.25		0.52
180	Senegal (M.S.G.B.C.) Basin	塞内加尔盆地	Yakaar 1	2017	白垩系	下石炭统	砂岩			424752.00	21.92	404.23
181	Senegal (M.S.G.B.C.) Basin	塞内加尔盆地	Ahmeyim/Guembeul	2015	白垩系	下塞诺曼阶	砂岩			289595.91	13.10	273.76
182	Senegal (M.S.G.B.C.) Basin	塞内加尔盆地	Teranga 1	2016	白垩系	下石炭统	砂岩			141584.00	6.85	134.29
183	Senegal (M.S.G.B.C.) Basin	塞内加尔盆地	Marsouin 1	2015	白垩系	上塞诺曼阶	砂岩			141584.00	6.16	133.60
184	Senegal (M.S.G.B.C.) Basin	塞内加尔盆地	SNE 1	2014	白垩系	白垩系	砂岩		64.79	23361.36		85.82
185	Senegal (M.S.G.B.C.) Basin	塞内加尔盆地	Ahmeyim/Guembeul	2015	白垩系	下阿尔布阶	碳酸盐岩		0.00	96531.97	4.34	91.23
186	Sirte Basin	锡尔特盆地	Sarir (065-C)	1961	白垩系	萨里尔砂岩组	122	砂岩	74.98	684.93	18405.92	0.00	701.50
187	Sirte Basin	锡尔特盆地	Defa (059-B/071-Q)	1960	古近系	德伐灰岩组	194	泥质灰岩-钙质岩		382.19	27892.05	0.00	407.30
188	Sirte Basin	锡尔特盆地	Nasser (006-C/4I/4K/4G/4Z)	1959	古近系	泽尔滕灰岩组	131	石灰岩	35.05	342.47	47713.81	0.00	385.41
189	Sirte Basin	锡尔特盆地	Bu Attifel (100-A)	1905	白垩系		60	石砂岩	249.94	191.78	70792.00	23.29	278.79
190	Sirte Basin	锡尔特盆地	Gialo (059-E/4M/5R/6K)	1961	古近系	上吉亚洛灰岩段	99	灰岩		269.86	1132.67	0.00	270.88
191	Sirte Basin	锡尔特盆地	Attahadi (006-FF)	1964	白垩系	上白垩统	95	砂岩			283168.00	27.40	282.27
192	Sirte Basin	锡尔特盆地	Messla (065-HH/080-DD)	1971	白垩系	萨里尔砂岩组	91	砂岩	75.90	219.18	16140.58		233.71
193	Sirte Basin	锡尔特盆地	Waha (059-A)	1961	白垩系	南瓦哈	110	石灰岩	21.03	205.14	33328.87		235.14
194	Somali Basin	索马里盆地	Calub 1	1973	侏罗系	卡鲁布砂岩组	463	砂岩	20.51		45873.22	13.70	54.99
195	Somali Basin	索马里盆地	El Kuran 1	1972	侏罗系	哈曼雷组	725	石灰岩-白云岩		21.23	3001.58		23.93
196	Somali Basin	索马里盆地	Hilala 1	1905	白垩系	阿迪格拉特组	610	石英砂岩-砂岩			23644.53	0.11	21.40
197	South Oran Meseta	南奥兰台地	Tendrara 5	2006	二叠系	特里亚斯阿尔及利亚段	1383	砂岩			8792.37	0.12	8.03
198	South Oran Meseta	南奥兰台地	Sidi Belkacem 1	2000	二叠系	特里亚斯阿尔及利亚段	1335	砂岩		0.07	141.58		0.20
199	Southeast Constantine Plateau	东南君士坦丁盆地	Djebel Onk	1960	白垩系	阿莱格尹飞尔组	1154	泥质灰岩		1.44	56.63		1.49
200	Southeast Constantine Plateau	东南君士坦丁盆地	Djebel Darmoun 1	2001	白垩系	阿莱格尹飞尔组	1019	石灰岩		0.41	8.50		0.42
201	Southeast Constantine Plateau	东南君士坦丁盆地	Djebel Dermoune 1	1905	白垩系	阿莱格尹飞尔组	1015	泥质灰岩			509.70		0.46
202	Southwest African Coastal Basin	西南非海岸盆地	Ibhubesi	1987	白垩系	14A 单元		砂岩	10.97		7928.70	0.41	7.55
203	Southwest African Coastal Basin	西南非海岸盆地	A-V 1	2001	白垩系	中阿尔布阶		砂岩			6767.72	0.03	6.12
204	Southwest African Coastal Basin	西南非海岸盆地	A-J 1	1988	白垩系	上欧特里夫阶		砂岩	7.01	5.07	113.27		5.17
205	Tanzania Basin	坦桑尼亚海岸盆地	Zafarani 1	2012	白垩系	下白垩统		砂岩			113267.20	0.41	102.36

附 表

续表

序号	英文盆地名称	中文盆地名称	油气田	发现年份	产层时代		顶部深度/米	岩性	净厚度/米	2P 可采储量			2P 储量油当量/兆吨
										石油/兆吨	天然气/兆立方米	凝析油/兆吨	
206	Tanzania Basin	坦桑尼亚海岸盆地	Tangawizi 1	2013	新生界	古近系		砂岩			107 603.84	0.41	97.26
207	Tanzania Basin	坦桑尼亚海岸盆地	Lavani 1	2012	新生界	古近系		砂岩			63 712.80	0.27	57.62
208	Tanzania Basin	坦桑尼亚海岸盆地	Piri 1	2014	白垩系	下白垩统		砂岩			53 801.92	0.27	48.70
209	Tanzania Basin	坦桑尼亚海岸盆地	Mambakofi 1	2015	白垩系	上白垩统	53	砂岩			53 801.92	0.14	48.56
210	Taoudeni Basin	陶丹尼盆地	Ta 8 1	2011	寒武系	阿塔尔群	393	碳酸盐岩			4 247.52	0.02	3.84
211	Taoudeni Basin	陶丹尼盆地	Abolag 1	1974	寒武系	阿塔尔群	377	石灰岩			254.85	0.01	0.24
212	Tellian Atlas	阿特拉斯盆地	Tiaret 1	2010	新近系	中新统	650	砾岩-泥灰岩			14.16		0.01
213	Timimoun Basin	蒂米蒙盆地	Oued Zine	1982	奥陶系	奥陶系	330	砂岩			43 041.54	2.33	41.07
214	Timimoun Basin	蒂米蒙盆地	Teguentour (ISG)	1998	泥盆系	德希萨组	650	砂岩			41 059.36	0.20	37.16
215	Timimoun Basin	蒂米蒙盆地	Reg (ISG)	1962	泥盆系	德希萨组	635	砂岩			36 811.84	0.18	33.31
216	Timimoun Basin	蒂米蒙盆地	Garet El Guefoul	1991	奥陶系	奥陶系	330	砂岩			28 316.80	0.14	25.62
217	Timimoun Basin	蒂米蒙盆地	Hassi Ba Hammou	1965	石炭系	斯图年阶	480	砂岩			19 821.76	0.10	17.94
218	Timimoun Basin	蒂米蒙盆地	Krechba (ISG)	1957	石炭系	10 油藏组	475	砂岩	24.08		18 689.09	0.18	17.00
219	Timimoun Basin	蒂米蒙盆地	In Salah (ISSF)	1958	泥盆系	德希萨组	300	砂岩	13.11		17 698.00	0.09	16.02
220	Tindouf Basin	廷杜夫盆地	34 Morcba 1	1965	志留系	志留系	335	石灰岩-泥岩			42.48		0.04
221	Upper Egypt Basin	上埃及盆地	Al Baraka	2012	白垩系	科蒙博组	152	砂岩		0.41	4.25		0.41
222	Upper Egypt Basin	上埃及盆地	Al Baraka	2007	白垩系	阿布巴拉斯组	152	砂岩	11.89	0.11	1.13		0.11
223	Upper Egypt Basin	上埃及盆地	Al Baraka West	2012	白垩系	阿布巴拉斯组	145	砂岩		0.07	0.00		0.07

附表 7　非洲评价盆地页岩油气资源量统计表

国家	盆地	地层年代	地层	页岩气地质资源量/万亿立方英尺	页岩气技术可采资源量/万亿立方英尺	页岩气地质资源量/亿立方米	页岩气技术可采资源量/亿立方米	页岩油地质资源量/10 亿桶	页岩油技术可采资源量/10 亿桶	页岩油地质资源量/亿吨	页岩油技术可采资源量/亿吨
摩洛哥	廷杜夫盆地	志留系	L.Silurian	75	17	21 238	4 814	5	0.2	7	0
阿尔及利亚	古达米斯盆地	泥盆系	Frasnian	496	106	140 451	30 016	78	3.9	111	6
		志留系	Tannezuft	731	176	206 996	49 838	9	0.5	13	1
	伊利兹盆地	志留系	Tannezuft	304	56	86 083	15 857	13	0.5	19	1
	莫伊代尔盆地	志留系	Tannezuft	48	10	13 592	2 832	0	0	0	0
	阿赫奈特盆地	泥盆系	Frasnian	50	9	14 158	2 549	5	0.2	7	0
		志留系	Tannezuft	256	51	72 491	14 442	0	0	0	0
	蒂米蒙盆地	泥盆系	Frasnian	467	93	132 239	26 335	0	0	0	0
		志留系	Tannezuft	295	59	83 535	16 707	0	0	0	0
	雷甘盆地	泥盆系	Frasnian	94	16	26 618	4 531	6	0.2	9	0
		志留系	Tannezuft	542	105	153 477	29 733	8	0.3	11	0
	廷杜夫盆地	志留系	Tannezuft	135	26	38 228	7 362	2	0.1	3	0
突尼斯	古达米斯盆地	志留系	Tannezuft	45	11	12 743	3 115	1	0	1	0
		泥盆系	Frasnian	69	12	19 539	3 398	28	1.4	40	2
利比亚	古达米斯盆地	志留系	Tannezuft	240	42	67 960	11 893	104	5.2	149	7
		泥盆系	Frasnian	36	5	10 194	1 416	26	1.3	37	2
	锡尔特盆地		Sirte/Rachmat	350	28	99 109	7 929	406	16.2	580	23
			Etel	298	45	84 384	12 743	51	2	73	3
	穆尔祖克盆地	志留系	Tannezuft	19	2	5 380	566	27	1.3	39	2
埃及	西沙漠地盆地		Khatatba	536	99	151 778	28 034	114	4.6	163	7
南非	卡鲁盆地		Prince Albert	385	96	109 020	27 184	0	0	0	0
	卡鲁盆地		Whitehill	845	211	239 277	59 748	0	0	0	0
	卡鲁盆地		Collingham	328	82	92 879	23 220	0	0	0	0

后 记

　　本图集的编辑参考了国内外政府机构、研究院所、国际石油公司等公开文献、网页资料，谨记以致谢。主要有中华人民共和国商务部网站资料[国别（地区）指南]、美国中央情报局（CIA）网站资料（世界概况，The World Factbook）、美国信息能源署（EIA）国别报告、油气杂志（*Oil & Gas Journal*）、美国地质调查局（USGS）近年发布的非洲待发现油气资源评估报告、中国地图出版社《世界标准地名地图集》、中国出口信用保险公司《国家风险分析报告》、英国石油公司（BP）世界能源统计年鉴等发布的数据和研究报告；以及中国石油、中国石化、中国海油等石油企业公开发布的综合研究报告。本图集经科学出版社送自然资源部信息中心审核图件。